中低温槽式聚光太阳能热发电系统关键技术

Key Technologies of Medium-Low Temperature Parabolic Trough Concentrating Solar Thermal Power Generation System

顾煜炯 著

U0263755

科学出版社

北 京

内 容 简 介

本书针对中低温槽式聚光太阳能热发电系统，围绕槽式聚光集热器、储热系统、热功转换系统等各组成部分进行了深入分析和探讨。在聚光集热器方面，介绍一种三叶片螺旋形转子的新型内插件结构；在储热系统方面，介绍显热储热、相变储热、化学储热的主要组成和特征，阐明储热装置以及储热罐的构成和特性，并对熔融盐高温储热罐进行了模拟研究，分析其温度场分布特征和保温层优化设计方案；在热工转换系统方面，介绍有机朗肯循环热发电系统的结构及工作过程及其系统性能评价指标的计算方法，对比分析有机朗肯循环与水蒸气朗肯循环，说明两种循环方式适应的循环参数，并对工质的选取原则以及热力性质的计算方法进行了研究；建立了螺杆膨胀机工作模型，分析了变工况时螺杆膨胀机的性能及其主要影响因素和计算方法，最后介绍了包括太阳能热化学利用、太阳能聚光海水淡化利用、太阳能与化石能源互补发电及太阳能-水源热泵供暖系统等先进的太阳能综合利用方案；根据有无一次能源的条件，提出了两种基于中低温太阳能的综合能源系统方案。

本书可作为能源领域、热工领域等相关研究人员及工程技术人员的参考资料或培训教材，也可作为高等院校相关专业研究生和本科生教材。

图书在版编目(CIP)数据

中低温槽式聚光太阳能热发电系统关键技术 = Key Technologies of Medium-Low Temperature Parabolic Trough Concentrating Solar Thermal Power Generation System / 顾煜炯著. —北京：科学出版社，2020.11

ISBN 978-7-03-064277-6

Ⅰ. ①中… Ⅱ. ①顾… Ⅲ. ①太阳能发电-系统工程-研究 Ⅳ. ①TM615

中国版本图书馆CIP数据核字(2019)第301184号

责任编辑：范运年 / 责任校对：王萌萌
责任印制：吴兆东 / 封面设计：蓝正设计

科 学 出 版 社 出版
北京东黄城根北街 16 号
邮政编码：100717
http://www.sciencep.com

北京九州迅驰传媒文化有限公司 印刷
科学出版社发行 各地新华书店经销

*

2020 年 11 月第 一 版 开本：720×1000 1/16
2023 年 1 月第二次印刷 印张：12
字数：241 000

定价：118.00 元
(如有印装质量问题，我社负责调换)

前　言

随着能源生产和消费模式的结构转型，传统化石燃料能源逐步被太阳能、风能等清洁能源所替代。在此时代背景下，聚光式太阳能发电(concentrating solar power，CSP)作为一种新兴可再生能源利用技术，为人类合理利用清洁能源提供了新的思路，具有重要的开发价值。针对不同的气象条件，采取不同的光热发电技术路线可有效解决能源与环境的突出矛盾。对于气象资源不理想地区，采取槽式太阳能热发电技术进行中低温热能回收具有广阔的应用背景与独特的技术优势，可有效将能流密度较低、分散性较强的太阳能实现能量形式的科学转换。

一般而言，槽式聚光太阳能热发电系统主要由抛物面槽式聚光集热装置、储热装置及热功转换装置三部分有机耦合组成。然而，中低温参数下的光热发电存在效率较低、成本较高、投资回收期较长等一系列问题亟待解决。

本书以中低温槽式聚光太阳能热发电系统为研究对象，从整体系统到局部各环节，对包括槽式聚光集热子系统、储热子系统、热功转换子系统等各环节中存在的一系列关键性技术问题进行深入分析和研究，采取的方法涵盖了理论计算、模拟仿真和实验研究。

本书第 1 章介绍中低温太阳能热发电系统及其核心部件，如槽式聚光集热器、真空集热管及有机朗肯循环等关键设备的国内外研究现状；第 2 章针对聚光集热器，介绍了光场的基本理论，包括太阳辐射模型、几种常见的集热器以及作者课题组所研究的新型聚光集热装置，并围绕该新型聚光集热装置开展的建模分析以及实验研究工作进行论述；第 3 章对储热装置进行介绍，包括几种常见的储热类型：显热储热、相变储热以及热化学储热，并介绍了储热罐等装置的仿真研究内容及成果；第 4 章介绍热工转换系统的基本理论模型和系统中评价体系、热工转换装置的建模研究；第 5 章主要针对太阳能热发电系统中有机朗肯循环有机工质的选择和物性研究等相关内容进行介绍；第 6 章介绍太阳能多联供系统中的热功转换子系统，通过螺杆膨胀机工作模型分析不同螺杆膨胀机的变工况性能，并对螺杆膨胀机优选过程和方法进行介绍；第 7 章阐述中低温太阳能热利用技术的多种应用场景。

本书作者在编写过程中统筹安排，着重撰写了第 1 和 4～7 章内容，并进行了全书的审阅工作；郑州航空工业管理学院的讲师耿直主要参与了第 2、3 章内容的编写工作；华北电力大学的研究生和学豪、余志文、赵学林、刘浩晨、王润泽、莫子渊、徐涌柯等同学参与了部分内容编写，并为资料整理、文字录入排版及插入绘制等工作也付出了辛勤的劳动；书中引用了部分专家专著与理论研究成果，在此一并表示真诚的敬意！

由于作者学识有限，本书编写时间又较仓促，书中不免有疏漏之处，殷切希望读者能给予批评指正。如果您在阅读过程中发现了任何错误，请通过 gyj@ncepu.edu.cn 这个邮箱与本人取得联系，本人将十分感谢！

作 者

于华北电力大学(北京)

目 录

第1章 绪 论

1.1 概 述

能源是人类生存的物质基础与经济社会发展的动力保证。能源消费不仅是一个资源消耗问题，消费产生的污染排放还是一个需要认真对待的大问题。世界能源委员会将能源按照转换和利用的层次将其分为太阳能、风能、水能、电能、核能、生物质能、海洋能、地热能等多种类型[1]。据 *BP Statistical Review of World Energy 2018* 数据明确指出[2]，可再生能源到 2040 年将在全球电力行业中占比超过 40%。就我国而言，煤炭等化石能源人均拥有量较低，能源发展面临新的发展难题。社会经济的快速进步推动了化石能源的大规模开发利用，从而对生态环境造成一定程度影响。面对日益严重的能源安全、环境污染和气候变化的严峻挑战，加快能源改革、推动能源技术革命，开展节能减排工作，大力开发新型可再生能源，促进能源结构清洁转型已成为根本出路。中国主动顺应时代潮流，创造性地提出了构建"以输送清洁能源为主导"的全球能源互联网战略思想，为解决能源发展问题贡献了中国智慧与中国方案。实施可再生能源的清洁替代，是实现能源可持续发展的必由之路，对于推动清洁发展、应对气候变化、推动世界和平都有着重要意义。

节流与开源是推进能源互联网项目建设的两个重要方面。生产与生活中的节能减排过程即为节流；开源处理则在增加传统的开采外，更要注意以前常被忽略的品质较差的低品位热能利用。低品位热源种类很多，多蕴含在各类清洁能源之中。常见此类热源型式有：太阳热能、工业余热、地热能和海洋温差能。其中，太阳能资源占据量最大、蕴藏的开发潜力巨大，分布也最广。太阳能来自太阳辐射，主要有光热与光伏两种利用形式。光伏早已实现了市场化与商业化，技术日趋成熟，优点是设备简单易操作，但存在电能难以储存、发电过程不稳定、对电网存在一定冲击的可能性、生产原材料较为稀缺且报废之后难回收等致命性缺点；相较而言，光热发电具有可配备较为廉价的储热系统、可以调峰、能连续发电等显著优势。当然，复杂的太阳能热发电系统涉及"光-热-功"三者耦合的复杂过程，在设备初投资方面要劣于光伏。

从战略和全球角度来看，加速发展太阳能尤其是太阳能热利用技术，事关中国和世界能源安全、环境、发展等重大课题，并对缓解当前社会能源与环境的压力具有重要意义。就中国而言，太阳能光热利用是自有技术含金量最高、产业化发展速度最快、对国内新能源领域市场贡献率最大的高新科学技术之一，并从技术与市场两个方面逐步引领我国成为全球最大的光热供应基地。然而，太阳能热水技术的应用是当前阶段光热技术的主要应用场景。

为进一步提升节能减排效果，各国都在不断开拓低温光热利用市场与新技术的推广。太阳能热发电、太阳能蓄热与制冷、太阳能海水淡化等一批高端太阳能利用技术正逐步成为各国政府支持的重点发展方向。其中，我国发布的能源政策文件《国家中长期科学和技术发展规划纲要(2006—2020年)》中"可再生能源低成本规模化开发利用"能源发展的重点领域已将太阳能热发电技术置于优先发展的主题。同时，基于"大力发展清洁能源，能源体制改革"的基本方针，大力推行一批能源改革重要新举措[3]；国家能源局在2015年第355号文件明确指出，为推动我国太阳能热发电技术的前进，特组织建设一批示范项目[4]，这从政策上体现了国家对于推进光热发电技术进步的重视程度；国家能源局于2016年9月14日正式公布了《国家能源局关于建设太阳能热发电示范项目的通知》，总装机容量为1.35GW的共计20个工程项目入选中国首批太阳能热发电示范项目名单[5]，并明确规定其中2018年12月31日之前可投运的示范项目，能够享受国家发展改革委核定的全国统一光热发电(含4h以上储热系统)照顾性优惠标杆上网电价1.15元/kW·h。这充分彰显了国家政府层面对于光热发电事业的重视程度，太阳能热发电技术在新能源利用领域亦大有可为。

1.2 研究背景

太阳能总辐射(global horizontal irradiance，GHI)分为太阳能直射辐射(direct normal irradiance，DNI)和太阳能散射辐射(diffuse horizontal irradiance，DHI)，由于光热发电的技术特点，使其可以进行能量转换的主要是DNI。全世界范围内，太阳直射辐射资源最佳分布区域主要集中于美国西南部地区、大洋洲、南北非、南欧、南美洲东西海岸及中国西部地区[6]。我国太阳能资源整体较为可观，大致处于中游水平，比欧洲、南美洲等地相对优越，但又不及澳大利亚、美国等地区[7]。中国幅员辽阔，地域特色各不相同。依据区域划分，中国的太阳能资源可分为如表1-1所示的Ⅰ～Ⅳ四大类。

根据中国多年以来积累的大量太阳辐射数据资料分析，我国的年太阳能总辐射值大致分布在1050～2450kW·h/(m²·a)，年平均日太阳辐射量为180 W/m²。平均日太阳辐射值呈西高东低的趋势变化分布，其中大部分属于Ⅱ～Ⅲ类资源。尤其是中东部发达地区的日照资源不是特别丰富，气象、场地等自然因素决定了不适合大规模光热电站的建设，诸如太阳能分散性较强、较低能流密度、不连续性与不稳定性之类的劣势特别突出。

表 1-1　中国太阳能资源区域划分情况

分级	表征	太阳总辐射年曝辐量指标/[kW·h/(m²·a)]	所占比例/%	区域划分
I	极丰富	>1750	17.4	西藏、南疆、甘肃、青海和内蒙古西部大部分地区
II	很丰富	1400~1750	42.7	新疆大部、青海、甘肃东部、宁夏、陕西、山西、河北、山东东北部、内蒙古东部、东北西南部、云南、四川西部、福建、广东沿海和海南岛
III	丰富	1050~1400	36.3	黑龙江、吉林、辽宁、安徽、江西、陕西南部、内蒙古东北部、河南、山东、江苏、浙江、湖北、湖南、福建、广东、广西、海南东部、四川、贵州、西藏东南角、台湾
IV	一般	<1050	3.6	四川中部、贵州北部、湖南西北部

因此,基于能源利用"温度对口、梯级利用"的基本原则,有必要在日照资源较为贫乏区"因地制宜"地推行中低温太阳能热发电技术路线。

与高温光热技术利用相比,中低温太阳能热发电独具以下优势。

(1)跟踪系统相对简单,不需要配备高倍聚光集热装置。由于一年四季太阳始终处于运动状态,且自然天气具有明显随机性,若选用高温热发电装置,则必须配备高精度的自动跟踪控制系统。然而,精密的光学设备等组件不仅增加了生产工艺的难度与复杂性,还显著增加了制造与运维成本。中低温太阳能热发电可采用低倍聚焦的抛物面槽式聚光器进行单轴跟踪,仅需根据季节需要微调即可满足。

(2)储热装置容易实现。储热是太阳能热发电系统的显著特征,可以保证阴雨天或夜晚系统连续化运行。针对 100~300℃集热温度范围的中低温太阳能热发电场景,可采用与之匹配的低熔点熔盐显热蓄热或者一些相变材料的相变蓄热,原材料蓄热密度较大,来源广泛且装置相对简单。

(3)易于小型化与模块化设计,可与区域城市中现代建筑相结合,实现冷、热、电三联供综合供能。可将建筑与能源结合起来,构建分布式中低温太阳能热发电与能量梯级合理利用方案,有效提高系统的整体效率,并弥补高温热发电技术受制于地区、日照等自然条件的局限性。

(4)同等边界约束条件下,热功转换系统较其他常规高温动力循环独具特点,即在中低温太阳能热源条件下,使用低沸点的有机物作为系统动力循环工质,采取有机朗肯循环(organic Rankine cycle,ORC)型式实现热与功的能量转换。在热物理性能、余热回收、工作设备等方面,有机工质朗肯循环较常规水蒸气朗肯循环主要具有以下优点[8]:

①有机工质沸点低于水,极易产生高压蒸汽,可在较低的温度范围内最大限度回收太阳能。

②蒸发过程中的汽化潜热比水小很多,在中低温工况下系统的热回收率较高,运行性能良好。在较低工作参数条件下,水蒸气朗肯循环的发电效率要低于有机

工质的系统发电效率。

③冷凝压力接近或略大于外界大气压，工质泄露的可能性较小，不需要配备复杂的真空系统，适用于半自动或自动化操作。

④凝固点较低，冷凝器即便处于寒冷恶劣天气条件下也无需添加额外的防冻设施。

⑤工质基本都属于等熵或干性流体，不需要过热处理，不会腐蚀动力机械，也不会有液滴在高速运行情况下对叶片造成冲击损害。

⑥蒸汽的比容和焓降都很小，因此所需设计的膨胀机与排气管道尺寸都很小，这可以节省制造设备的投资成本，提高系统经济性。

鉴于上述研究背景与相关分析，对于光照资源略弱、自然条件欠佳的地区，决定了走中低温太阳能热发电技术路线的独特优势与必要性。

1.3 中低温太阳能热发电的组成及技术现状

中低温太阳能热发电系统主要由槽式聚光集热装置、储热装置及热功转换装置三部分构成，其系统基本结构如图 1-1 所示。该系统的工作过程如下：首先，

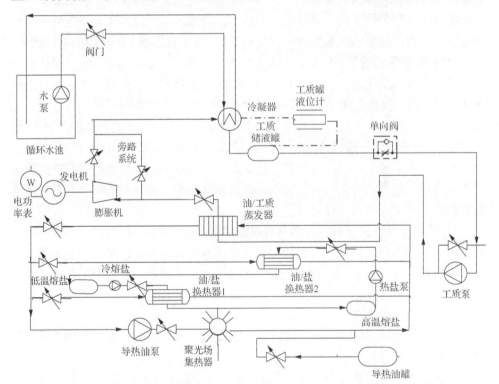

图 1-1　中低温槽式聚光太阳能热发电系统基本方案原理图

通过聚光集热场实现光捕捉与热能转换，通常采用导热油作为传热热媒，完成光向热的第一次能量转换；其次，将热媒引入换热器加热工质至一定参数；然后，进入动力设备如膨胀机做功；最后，带动发电机输出电能，这一步实现热向功的转换。当光照资源富裕时，除了满足发电需求之外，还可以在蓄热系统中存储多余的热量。当光照较弱时（如夜晚），可将蓄热器中的热能释放以备动力循环中工质的蒸发吸热所用，保证系统必要出力。储热系统的存在，可使系统根据光照条件的不同，灵活运行与前后端耦合。

1.3.1　聚光集热装置

通常，太阳能热发电系统需要经过一定的光能俘获装置将其光照辐射聚焦转换为一定品质的热能，同时配备合适容量的储热装置便于平稳负荷，保证夜间、无光等工况下可连续发电，最后经过一定的动力循环，利用合理的膨胀机（如透平、螺杆机等）产生稳定的机械功，并带动发电机输出电力。根据太阳能热发电前端聚光集热系统收集太阳辐射方式的不同，可将其分为槽式、塔式和碟式三类型式，表 1-2 列出了三种不同聚光集热装置的各自技术经济指标。

表 1-2　不同形式太阳能热发电聚光集热装置性能对比

名称	槽式	塔式	碟式
装置结构图			
聚焦方式	线聚焦	点聚焦	点聚焦
跟踪方式	单轴跟踪	双轴跟踪	双轴跟踪
聚光比	10～100	300～1500	1000～3000
常规不同工质下的运行温度/℃	310～393（导热油） 340（水） 550（熔盐）	250～500（水） 565（熔盐） 800～1200（空气）	250～700（氢或氦）
动力循环	朗肯循环	朗肯/布雷顿循环	斯特林循环
典型代表性电站	1.西班牙 Andalol-1 50MW 槽式导热油电站 2.意大利西西里岛 Priolo Garagallo 的 Archimede 槽式发电站 3.美国 Solana 280MW 槽式熔盐储热电站	1.美国新月沙丘 100MW 塔式熔盐电站 2.美国 10MW 的塔式电站 Solar Two 3.中国北京八达岭 1MW 示范电站	美国 SES 公司建造了 5 套碟式斯特林发电实验系统（未商业化），单机容量为 25kW

对比可知，塔式太阳能虽然聚光比较高，但是整个系统的技术难度较高，场

地占地面积与设备初投资巨大，并且配套的设备需进一步成熟化改善；碟式的造价更高，且无法配备储热装置，不能体现光热发电平稳波动的优势，目前仍处于实验室科研阶段，因此该技术投资风险较大，其商业化可行性仍需核实；与其他两类聚光集热发电系统相比，槽式太阳能具有以下显著特征。

(1)技术上最为成熟。槽式太阳能不仅证明了具有高可靠性与较为稳定的发电效率，而且跟踪机构较简单且易于实现。适宜的聚光比使其聚光器产生的集热温度也较为适中，与中低温太阳能的热利用参数范围相匹配，既可充分回收该温度品味的太阳热能，又避免了高温聚焦装置带来的高品位热能浪费。

(2)商业化程度最高。槽式太阳能已发展成为光热发电行业内的主流型式，并且在市场竞争力方面最具优势。多年的实际工程经验表明，该技术路线总体投资成本最低，使用范围较广，具有更好的实用性与推广价值。

因此，本书的研究工作选择槽式聚光集热装置作为全系统太阳能捕获与后端热能的基本输入源，并加以重点研究与优化。

1.3.2 储热装置

昼夜变换、气候更替及太阳辐射强度随时间的波动变化，使太阳能的获取总是间断而且不连续的，除此之外，用电负荷也存在着峰谷差，这就造成了能量的供应和需求在时间和空间上的不匹配性，使光热电站很难平稳地运行，为此能量存储技术就应运而生。储能技术可以有效地缓解能量供应方与需求方在时间、地点和强度上的不匹配性，改善能源供应与需求之间不协调的矛盾。

根据储热介质物态变化对储热技术进行分类，储热技术可分为显热储热、潜热储热、热化学储热。

显热储热直接利用材料的热容量，通过温度的升、降来进行能量的储、放。其原理最简单，材料来源丰富，成本较低且可控性强，所以商业应用最成熟。但是它也存在一些缺点，成为限制其发展的瓶颈，具体表现在：由于显热储热能量密度低，为达到既定储热容量，往往需配置较大体积的储热罐，耗费大量储热介质，相应的制造成本和场地费用都会增加，这一难题期待高能密度的新型储热材料解决。

潜热储热利用相变材料巨大的潜热，能在近乎恒温的过程实现能量的储、放，能量密度高，结构紧凑，灵活性强，具有巨大的发展潜力。由于该技术的储能密度较高且在过程中温度波动不大，所以在工业热回收利用、航空军工和建筑节能等领域都有着广泛的应用前景。它还有一个显著特点，即换热器和储热器集于一体。常用的潜热储热技术有填充床系统和管壳式换热器系统。

热化学储热指的是在化合物合成和分解的可逆过程中对能量进行吸收和释放，适用于大规模、长周期储能；储热密度极高，是上述两种储热方式的 2～10 倍[9]。然而，由于操作环境苛刻、配套设施要求高，导致其工艺成本居高不下，使其应用价值大打折扣。

1.3.3　热功转换装置

　　热功转换系统承担着工质由"热能"到"功"的有效转换，常见的主要动力循环有两类：水工质循环与有机工质循环（ORC）。传统水蒸气朗肯循环对热源温度一般要求满足大于 300℃条件，而对于中低温热源若仍然采用水蒸气朗肯循环，则会因为低参数下耦合能力较差而大幅降低系统整体的经济性。ORC 在工作原理方面和传统的水蒸气朗肯循环相类似，然而，由于低沸点的有机工质自身特性，使用其作为动力循环介质可将系统结构优化变得简单，提高运行稳定性，并且降低成本。ORC 更能有效地回收 100～300℃范围内诸如太阳能、地热能等分散性较强的中低品位热源能量。因此，本书研究工作结合槽式聚焦产生的中低温热源输入，在后端热功装置中主要采取ORC 实现最终"光"到"功"的能量转换。当前，在 ORC 热功转换发电技术的研究主要集中于工质筛选与系统参数优化等方面，其中工质的筛选成为较热门重要领域。

　　之前大部分太阳能热发电研究重点集中于高温、高参数利用领域，专门针对中低温太阳能热发电的应用与研究均相对较少。虽然现有的 ORC 技术在实际工程应用方面已具备一定基础，但该技术主要分布在工业余热回收、地热能开发等中低品位热源领域，而将 ORC 与太阳能相结合以实现能量转换的能源解决方案仍相对较少。在工程应用方面，据 2016 年美国国家可再生能源实验室（National Renewable Energy Laboratory，NREL）发布的光热电站数据库公开数据表明[10]，全球太阳能ORC（非水工质）循环热电站的实际应用案例数量明显偏少，尤其商业化运行项目更少，且多分布于美国与摩洛哥等国家。中国在不少高等院校等科研机构搭建了一些太阳能驱动的 ORC 发电平台，但暂时尚未有较为成熟的商业化工程案例。表 1-3 列出了 6 座典型太阳能 ORC 电站已公开的各自基本性能与指标参数。

表 1-3　全球典型太阳能 ORC 电站

项目名称	地点	光场型式	状态	动力循环类型	动力机供应商	额定净输出功/MW	是否配备储热系统	传热流媒	设计点效率/%
Saguaro 光热电站	美国	抛物面槽式	在运行	ORC	以色列奥玛特科技公司	1	无	Xceltherm 600 导热油	12.1
eCare 太阳能热发电项目	摩洛哥	线性菲涅尔式	已签约合同	ORC	—	1	2h	水	—
Airlight Energy Ait-Baha 试点电站	摩洛哥	抛物面槽式	在运行	ORC	意大利 Turboden 公司	3	5h	空气	—
Stillwater GeoSolar 综合电站	美国	抛物面槽式	在施工	ORC	—	17	无	—	—
IRESEN 1 MWe CSP-ORC 试点项目	摩洛哥	线性菲涅尔式	在开发	ORC	马克菲尔集团的 Exergy 子公司	1	20min	矿物油	—
Rende-CSP 光热电站	意大利	线性菲涅尔式	在运行	ORC	—	1	无	导热油	—

1.4　中低温太阳能热发电的关键问题分析

中低温太阳能热发电领域无论是在工程层面，还是理论层面，工作均有所欠缺、不够成熟，亟待进一步加强该领域的探索与实践。通过论证，以下三方面内容为制约中低温太阳能热发电技术发展的关键问题所在。

(1) 系统方案方面。由热力学卡诺定理可知，受限于中低温太阳能热发电系统的冷、热源参数上下限，可回收利用的热能品味相较于高温聚焦光热发电而言较低。另外，对于太阳能这种波动性较强的可再生能源，多局限于纯凝额定设计工况下的讨论。而对于热功转换系统，尤其是膨胀机末级乏汽中存在大量余热并未有效利用。同时，对于变工况下工作时系统运行参数的变化、性能分析及未来负荷预测较少，单一的纯凝利用方案不能灵活适应外界光照等气象条件的变化。最终结果会致使中低温太阳能 ORC 系统整体光热转换总效率偏低，自然而然地增加了投资成本，降低了经济性。因此，有必要搭建从"光场"至后端"热功能量转换"全系统完整且较为精确的热力学模型，分析不同装置之间的耦合特性并予以一定优化。在此基础上，充分利用回热技术对纯凝发电方案加以优化，提高热功转换系统膨胀机乏汽余热的回收能力，减少排汽㶲损与降低光场捕能装置的投资成本，从而保证机组更加高效、稳定地运行，使系统综合利用效率与经济性能得到进一步提升。

(2) 聚焦集热装置方面。能量如何实现高效地捕捉是光场聚焦集热部分所面临的重要难题。作为最为广泛的聚光器，槽式聚光集热器属于典型线聚焦型式，相较于塔式、碟式商业化应用最为广泛，但该装置本身存在以下缺陷。

①聚光比相对较低，吸热器的散热面积较大，因此集热器中流动的导热介质(如导热油)所能达到的最高工作温度≤400℃，从而限制了热力参数整体水平的提高，影响效率。

②聚光路径较为单一，仅可依靠底部抛物面反射镜的反射作用，且采用的单轴跟踪致使余弦效应损失较大，不利于镜场光学效率的提高。

③有待进一步强化真空集热管的换热性能。由于槽式聚光器反射聚焦光路，致使真空集热管在圆周方向受热不均，在导热油等传热流媒的流动过程中，流体的流动阻力损失很大，这会降低系统的最终净输出热能。

(3) 热功转换系统方面。针对 ORC 热功转换系统技术的研究主要着眼于三个方面：工质筛选、系统动力循环改进与运行参数优化。但迄今为止，ORC 技术并未大规模、成熟化应用，主要存在以下技术瓶颈。

①工质相关研究领域，大多研究局限于单一有机纯工质，效率提升空间有限。应结合热力学性能、经济、环保、无毒、稳定性等多方面因素指标综合考虑，研

发性能优良的二元非共沸混合工质等新型工质。工质相变过程中的温度滑移特性,可用于进一步优化工质与冷热源之间的参数匹配与耦合能力。如此,可拓展 ORC 技术的应用范围,实现系统整体效率提升的最终目的。

②在动力循环改进方面,常规 ORC 研究均在亚临界动力循环下开展。当工质参数进一步提升至超临界工况时,由于工质的物性参数会发生剧烈变化,会在换热器内由过冷区跨过两相区而直接进入过热区,此时热源流体可与工质实现更好的参数匹配。因此,应加大超临界工况下 ORC 性能变化规律及运行特点的研究。

③在运行参数优化方面,当前研究缺乏客观、统一的评价体系,致使不同评价方法之间存在不一致性、单一性,而科学合理的评价指标体系则是准确分析与优化热力系统的核心与关键。所以,应从多角度出发,分析不同参数对于系统效率、经济性等方面的影响,并建立更加合理的系统综合评价模型。结合㶲分析手段深入剖析系统组成部件如换热器、膨胀机等各设备的㶲损分布情况,明确系统存在较大不可逆损失的内部机理,最终改善系统的综合性能。

第2章 光　　场

2.1　太阳能资源分布影响因素与评价

2.1.1　资源分布影响因素

太阳能辐射对于地球来说至关重要，在太阳能热利用领域，不仅要掌握太阳辐射的规律，也应该清楚了解太阳能在地域的分布情况，以便于在太阳能设备的搭建、选址等方面提供一定的依据。

尽管世界气象组织已经将太阳常数定为 $1367W/m^2 \pm 7W/m^2$，但到达地球表面的太阳辐射能却随着季节、时间、地点和天气等因素的不同有较大的变化，可以简单地总结为以下几个因素[11,12]。

(1) 天文因素，主要包括日地距离、太阳赤纬和时角。

(2) 地理因素，主要包括该地的经度、纬度和海拔高度。

(3) 几何因素，主要包括接收辐射面的倾角和方位。

(4) 物理因素，主要考虑由于大气衰减、接受表面的性质等因素的影响。

(5) 天气条件，这一因素具有一定的随机性和突发性。

以上因素将共同影响某一地点的太阳能总辐射量。太阳能资源丰富度一般以全年总辐射量$[MJ/(m^2 \cdot a)]$和全年日照总时数表示。太阳直接法向辐射 (direct normal irradiance，DNI) 是评价聚光太阳能的重要参数之一。

根据德国航空技术中心 (DLR) 的推荐，从技术潜力和经济潜力两方面评价不同地区的太阳能条件，技术潜力基于 DNI 测量值大于 $1800kW \cdot h/(m^2 \cdot a)$，经济潜力基于 DNI 测量值大于 $2000kW \cdot h/(m^2 \cdot a)$。这两个数值仅从商业利用的角度提供了参考，并可用于地区太阳能辐射的评价，但并不决定低于该数值就不能应用。

依据太阳能热发电温度等级的不同，可将其分为高温利用$[>300kW \cdot h/(m^2 \cdot a)]$、中低温利用$[100 \sim 300kW \cdot h/(m^2 \cdot a)]$和低温利用$[<100kW \cdot h/(m^2 \cdot a)]$。

2.1.2　设备选址可行性实例分析

在太阳能设备搭建时，不仅需要考量搭建地址的太阳能资源丰富程度，还需要考量当地风速与风功率等气候条件，为太阳能设备的抗风特性设计提供参考，从而提高设备的安全性以及使用寿命。下面以华北电力大学分布式能源实验室搭建的新型中低温槽式太阳能热发电系统为例，介绍实验系统建设项目的可行性分析。

分布式能源实验室位于北京市昌平区朱辛庄附近，处于温带季风区，属暖温带大陆性季风气候、半湿润大陆性季风气候。春季干旱多风，夏季炎热多雨，秋季凉爽，冬季寒冷干燥，四季分明。通过查阅当地气象资料可知，昌平区一带处于温榆河冲积平原和燕山、太行山支脉的结合地带，地势西北高、东南低，山区、半山区占全区总面积的 2/3，年风速变化比较小。和周边区域相比，这片区域的条件相对较好，当地常年主导风向为东北-西南走向。在本项目实施过程中，由于光场部分置于实验室屋顶，在容量设置时需要着重考虑本地的日照资源。此外，由于设备属露天陈放，也需要结合本地的风力资源考虑光场集热槽的抗风等特性，以保障设备的使用寿命。

1）太阳能资源

在气象软件 Meteonorm 中调取当地的太阳能资源，得到图 2-1～图 2-4 的每月辐射、日总辐照、每月平均温度及每日温度各个数据分布图。通过分析可知：

（1）北京地区的太阳辐射量从 1 月起，月总辐射开始增加，3～5 月增加最快，其中 5 月为全年最高值；6 月以后开始下降，由于 7 月是雨季，每月总辐射量下降较快，至 12 月为全年最低值。其中，年全总辐射（GHI）为 1362kW·h/m^2，年直射（DNI）总量为 1169kW·h/m^2。

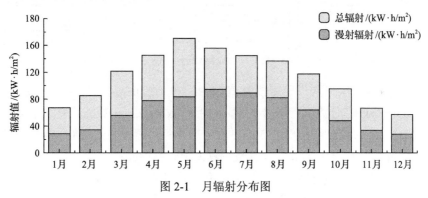

图 2-1　月辐射分布图

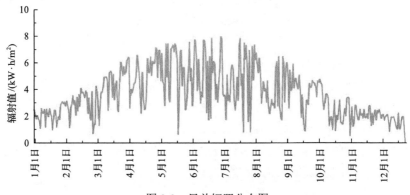

图 2-2　日总辐照分布图

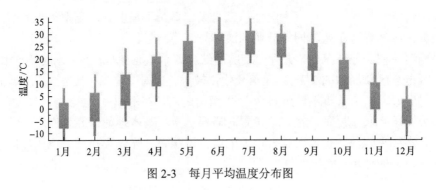

图 2-3　每月平均温度分布图

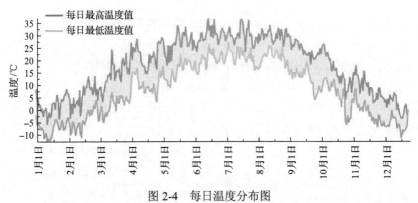

图 2-4　每日温度分布图

(2)北京地区年平均日照时数为 2000～2800h 之间,且昌平地区一般为 2600h 左右。全年的日照时数以春季最多,月日照时数在 230～290h;夏季正当雨季,日照时数减少,月日照时数在 230h 左右;秋季月日照时数为 190～245h;冬季是一年当中日照时数最少季节,月日照时数为 190～200h。

(3)北京地区日照比较充足,一般月份的日照百分率在 60%以上,只有 7、8 月在 50%～60%。日照百分率是指同一地区同一时间内实际日照时数与天文日照时数之比,百分率数值越大,则晴朗天气越多。北京一天内垂直面上太阳直接辐射的利用时数以春秋季最多,每日平均 6h。北京全年连续 6h 的日照时数达到 2287h,其中春季达 661h,平均每天 7.2h,其他各季都低于 550h。

(4)年平均气温在 11～13℃,年极端最低气温一般在–20～–14℃。7 月最热,平均气温为 26℃左右。1 月最冷,平原地区月平均气温为–5～–4℃。气温年较差为 30～32℃。其中,年平均气温为 12.9℃。

根据表 1-1 可知,本书依托项目实施所在地的太阳能资源属于Ⅱ类丰富地区,具备搭建槽式太阳能实验台的日照条件。

2) 风能资源

通过搜集昌平区历年风资源情况，得出风能资源评估时几个主要指标及因素：①平均风速，在 10m 高度时，该地区年平均风速是 5.1m/s；②风功率密度，该地区年平均风功率密度为 165.3W/m³；③主要风向分布，常年风速在 3～4 级，主导风向为东风。因此，在搭建光场时需要考虑集热槽的抗风特性。所选的集热槽满足一定的抗风等级，集热器系统可抵抗阵风速≤20m/s，满足此工况时集热器不损坏，可以满足当地的抗风需求，保证系统的安全可靠性。

2.2 槽式太阳能集热器

2.2.1 槽式太阳能聚光集热系统

槽式太阳能热发电简称槽式发电，是当前应用最广、技术最成熟的太阳能热发电技术。槽型抛物面聚光器为线聚焦装置，其聚光比 C 取值在 30～70，通常聚光集热温度在 400℃以上，典型容量为 5～100MW[13]。

早在 1912 年，埃及人苏曼在开罗建立了世界上第一个槽式聚光器，该聚光器长 62m，开口宽 4m，用于提供高温蒸汽。这种聚光器在欧洲逐步获得安装应用。20 世纪 80 年代初期，以色列 LUZ 公司着力研发槽式太阳能热发电技术，在 1983 年之后的 8 年间，在美国加利福尼亚州相继建成 9 座槽式太阳能热发电站，称为 SEGS I～IX，总装机容量达 353.8MW，并投入加利福尼亚州爱迪生电网并运营。电站年太阳能发电效率 14%～18%，峰值发电效率为 22%，电站利用率超过 98%。LUZ 公司在从第一座电站 SEGS I 到第九座电站 SEGS IX 的研发过程中，逐座对电站进行升级改进，以求达到更高的转换效率、更低的电站比投资及更低的运行维护费用。经过几年的不懈努力，电站比投资由 SEGS I 电站的 4490 美元/kW 降到 SEGS VIII 电站的 2650 美元/kW，发电成本电价从 24 美分/(kW·h) 降到 8 美分/(kW·h)。至此，该公司到 2000 年在加州建成总装机容量大 800MW 的槽式太阳能热发电站，发电成本电价将至 5～6 美分/(kW·h)。这一进展，使得槽式太阳能热发电站在经济上可与常规热力发电厂相竞争。

LUZ 公司选择水作为集热工质，以槽型抛物面聚光器开发的直接产生蒸汽技术取得初步结果，并用于 SEGS IX 的运行试验。德国和西班牙的科技人员沿着这条技术线路，进行全方位的研究并取得了许多重要成果。2008 年 12 月两国科技人员建设的 50MW 槽式太阳能直接产生蒸汽发电站取得成功，并在系统中设置了储热系统。这一成功使得槽式发电成为当前技术最成熟，成本最低的太阳能热发电技术。

　　如图 2-5 所示，槽式抛物镜面太阳能集热器是一种线聚焦集热设备，是太阳能热发电系统的重要装置，由抛物槽反射镜、真空管集热器、追日跟踪系统及输配管路和支架等组成。

图 2-5　槽式抛物镜面太阳能集热器

　　这种槽式抛物镜面集热器的工作原理为：太阳光线入射到抛物面反射镜上，经反射后聚集到位于焦线的真空管集热器上，这种聚焦使较低能量密度的太阳直射辐射能转变成了较高能量密度的直射辐射能，进而加热真空管集热器中的流体工质(根据适用温度工况不同，通常为水或者导热油等)。当流体工质达到较高的温度，利用该高温工质经热交换器加热水产生过热蒸汽(或者流体工质本身为水，直接产生高温蒸汽)，推动汽轮发电机组发电，从而将太阳能转换为电能。从热力循环原理上讲，系统为朗肯循环发电。

　　系统的能量平衡过程是，太阳辐射强时系统中多余的太阳能储存于储热装置，太阳能量不足时，系统所需要的差额热能由储热装置或者辅助能源系统补给，以保证维持热动力发电机组稳定运行。

　　每天太阳的位置都是时刻变化的，随着每天时间流逝，太阳东升西落，又随着季节不同，太阳在一年中也分布在偏南或者偏北的方向，所以太阳发射出的太阳光线方向也在时刻改变着。对于槽式抛物型太阳能集热器而言，抛物面聚光镜对于太阳光线的入射方向有着严格的要求，当入射光线与抛物镜面法平面不垂直时，将产生聚焦的偏离，使太阳光不能全部聚焦在设备焦线上的真空集热器上，将会导致设备的效率低下，甚至如果将太阳辐射偏离聚焦到设备的支架或者测量仪器上，还会导致设备损坏，令设备的使用寿命降低。因此，槽式抛物镜面集热器必须装设追日跟踪系统，根据太阳的方位，随时调整反射器的位置，以保证抛物镜面反射器的法平面与入射太阳辐射总是相互垂直。

　　聚光集热器的集热效率与其结构、涂层材料、真空集热管内气体状况、传热流体种类、太阳辐射强度、环境温度、传热介质温度、风俗等诸多因素有关。在

LUZ 公司开发的几种聚光集热器中，LS-2 型集热器效果最佳，是美国加利福尼亚州 SEGS 电站选用的成功典型。

测试表明，抛物面槽式集热器的集热曲线随着运行温度的升高或太阳辐射强度的降低呈下降趋势，当运行温度与环境温度相等(即不存在热损失的状态)时，具有最大的集热效率，此时集热效率等于光学效率。美国生产了一种集热器，采用高性能的镀银聚合物作为镜面贴膜，可以减弱热效率受运行温度的影响，在平均温度(350℃)下，其热效率可达 0.737。

2.2.2　聚光器

槽式太阳能热发电聚光器将普通的太阳能光聚焦，形成高能量密度的光束，加热吸热工质。放光镜放置在一定结构的支架上，在跟踪机构的帮助下，其反射的太阳光聚焦到放置在脚线上的集热管吸热面。聚光器同时也要满足以下的要求：①具有较高的反射率；②具有良好的聚光性能；③有足够的刚度；④有良好的抗疲劳能力；⑤有良好的抗风能力；⑥有良好的抗腐蚀能力；⑦有良好的运动性能；⑧有良好的保养、维护、运输性能。

对于反射器，由反射镜和支架两部分构成。

1) 反射镜

反射率是反射镜最重要的性能指标。反射率随反射镜使用时间的增长而降低，主要原因有：①由灰尘、废气、粉末等引起的污染；②紫外线照射引起的老化；③风力和自重等引起的变形或应变等。为了防止出现这些问题，反射镜在设计时需要便于清理和替换，并且需要具有良好的耐候性，在结构与材质方面要具有一定的强度同时质量又不能过大，最后很重要的一点是要将经济性考虑进去。

反射镜由反射材料、基材和保护膜组成。以玻璃为基材的玻璃镜为例，在槽式太阳能热发电中常用的是以反射率较高的银或者铝为反光材料的抛物面玻璃背面镜，银或铝反光层背面在喷涂一层或多层保护膜。因为要有一定的弯曲度，其加工工艺较平面镜要复杂得多。

除了典型的反射型镜面聚光器，还有一种折射式的聚光器也应用广泛——菲涅尔透镜。这种折射式的聚光器是利用光在不同介质的界面发生折射的原理制成的，这类聚光器的典型例子是凸透镜。但是，在太阳能利用上往往采用大口径的透镜，同时要求价格便宜和质量较轻。这样，一般的凸透镜就不大适用。比如要得到一个焦距等于 50cm，口径为 50cm 的透镜，就需要一个厚度为 25cm 的玻璃半球，这种笨重的透镜是没有办法使用的。因此，在太阳能聚光系统中，绝大部分采用菲涅尔透镜。

菲涅尔透镜具有与一般球面透镜相同的作用。它用透明材料薄板制成，在一面或者两面刻有同心的、棱镜状的沟槽。用玻璃压制一个菲涅尔透镜是困难的，

因为软化后玻璃的表面张力较大，无法精确再现模具上刻线的角度。一直到 1949
年才出现了适合压制成型的透明光学塑料后，才对菲涅尔透镜进行了深入研究和
广泛地应用。菲涅尔透镜实际上是对球面镜进行微分切割去除对光学折射无作用
的部分而成，为加工方便，还进行了整平，使球面透镜变成一个带有同心棱状条
纹的平板，大大降低了重量和减小了体积。菲涅尔透镜也可以做成线聚焦的，这
种透镜是有一些列对称分布的平行棱条纹组成，其结构示意如图 2-6 所示。

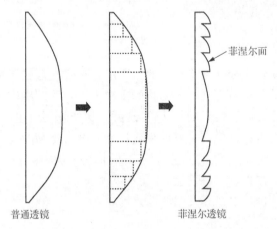

图 2-6　菲涅尔透镜结构示意图

2) 支架

支架是反射镜的承载机构，在与反射镜截出的部分，要尽量与抛物面反射镜
相贴合，防止反射镜变形和损坏。支架还要求具有良好的刚度、抗疲劳能力及耐
候性等，以达到长期运行的目的。

支架的作用包括：①支撑反射镜和真空集热管等；②抵御风载；③具有一定
的强度抵御转动时产生的扭矩，防止反射镜损坏。要达到上述的作用，要求支架
的重量尽量轻(传动容易，能耗小)、制造简单(成本低)、集成简单(保证系统性能
稳定)、寿命长。

槽式抛物面聚光集热器常年暴露在大气环境之下工作，经常受到风压和积雪
的作用，加之镜面与接收器之间要求精确跟踪，运行特性受环境因素和自身结构
设计的影响很大。因此，槽式抛物面聚光集热器的整体结构多采用框架结构，这
样自身既轻便，又能有较高的整体刚度。

聚光集热器的结构载荷分为恒定载荷和变化载荷。恒定载荷是其自身重量，
可以根据自身结构和所用材料的密度做精确计算。变化载荷是风压、积雪和热力，
其中风压载荷经聚光器传递给构架，风速和风向是顺带变量，所以风压是动载荷。

一年之中，环境温度的变化范围很大，其极限温差为 50～80℃，随不同的地
区而变化，环境温度的变化导致在设备构架中产生热应力，称为热力载荷。

设备的机械结构设计极限状态，就是指设备自身在遭受各种载荷作用后，最终形成的态式。这里就是指槽式抛物面聚光集热器遭受风压、积雪及环境温度变化等，加上自身重量，结构上可能产生偏斜、弯曲和扭曲，以致颤动或倒塌。最大偏斜、弯曲和扭曲称为最大极限状态。颤动将影响设备正常运行功能，倒塌将使设备完全失去功能，称为功能极限状态。这是衡量机械结构设计性能的两个主要判据。归根到底，就是设备的结构强度、刚度和稳定性。

由结构力学分析可知，对确定的结构设计，当已知各种外作用力 F 后，结构中各处的内应力 S 即已完全确定，所以，设计者首先根据以上分析计算得到风压、积雪、热力和自身重量，然后求得总外作用力，最后根据结构力学分析求得结构中各部位的不同内应力，其数值不得超过材料的屈服应力及材料的强度极限。由此，即可求得保证集热器正常工作所能承受的最大风速，再考虑一定的安全系数以及热工作状态，最终确定停止风速 v 的数值。

经验表明，地面风压和积雪等对槽式抛物面聚光集热器的工作性能具有显著影响，设计时必须对聚光集热器的结构强度和刚度及稳定性做认真的分析与检验。

2.2.3 真空集热管

槽式抛物面反射镜作为线聚焦装置，阳光经聚光器聚集后，在焦线处形成一线型光斑带，集热管放置在此光斑上，用于吸收聚焦后的阳光，加热管内的工质，所以集热管必须满足以下 5 个条件[14]。

(1)吸热面的宽度要大于光斑带的宽度，以保证聚焦后的阳光不溢出吸收范围。

(2)具有良好的吸收太阳光性能。

(3)在高温下具有较低的辐射率。

(4)具有良好的导热性能。

(5)具有良好的保温性能。

目前槽式太阳能集热管使用的主要是直通式金属-玻璃真空集热管，另外还有热管式真空集热管、双层玻璃真空集热管、空腔集热管和复合空腔集热管等。

1. 直通式金属-玻璃真空集热管

直通式金属-玻璃真空集热管是一根表面带有选择性吸收涂层的金属管(吸收管)，外套一根同心玻璃管，玻璃管与金属管(通过可伐合金过渡)密封连接；玻璃管与金属管夹层内抽真空以保护吸收管表面的选择性吸收涂层。直通式金属-玻璃真空集热管已在槽式太阳能热发电站中得到广泛应用，故将槽式太阳能热发电站中使用的直通式金属-玻璃真空集热管称为真空热管。

这种结构的真空集热管主要解决了如下几个问题。

(1)金属与玻璃之间的连接。

(2)高温下选择性吸收涂层的保护。

(3)金属吸收管与玻璃管线膨胀量不一致。

(4)最大限度提高集热面。

(5)消除夹层内残余气或产生的气体。

2. 热管式真空集热管

槽式热管式真空集热器是一种新型的中温太阳能集热装置，运用热管式真空集热管，同时运用了热管和真空管技术，因此集热器热容量小，在瞬变的太阳辐照条件下可调高集热器输出能量；又由于热管的热二极效应，当太阳辐照较低时可减少被加热工质向周围环境散热；防冻性能好，在冬季夜间零下 20℃时，热管本身不会冻裂；系统可承受较高压力，不容易结垢。最重要的一个优点是，采用机械密封装置代替玻璃与金件的过渡装置，制造简单，易于安装和维修，大大降低了制造成本。热管式真空集热管结构如图 2-7 所示。

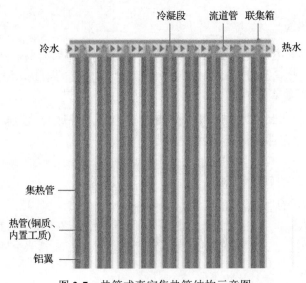

图 2-7　热管式真空集热管结构示意图

3. 空腔集热管

空腔集热管的结构为一槽型腔体，外表面包有隔热材料，腔体的黑体效应使其能充分吸收聚焦后的太阳光。空腔集热管的优点：经聚焦的辐射热流几乎均匀地分布在腔体内壁，与真空管吸收器相比，具有较低的投射辐射能流密度，也使开口的有效温度降低，从而使热损降低。因此，空腔集热管在同样工况下效率一般优于真空管吸收器；腔体式吸收器既不需要抽真空，也不需要光谱选择性图层，只需传统的材料和制造技术便可生产，同时也使其热性能容易长期维持稳定。常见的空腔集热管有环套结构和管簇结构，如图 2-8 所示。

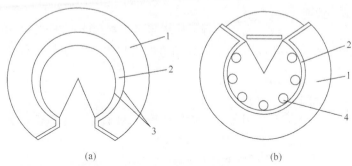

图 2-8　环套结构和管簇结构的空腔集热器
(a)环套结构；(b)管簇结构
1. 保温层；2. 金属管；3. 工质；4. 管簇(工质)

2.2.4　追日跟踪系统

　　槽式抛物面反射镜根据其采光方式，分为东西向和南北向两种布置形式。东西放置时只作定期调整；南北放置时一般采用单轴跟踪方式。追日跟踪系统跟踪方式分为开环、闭环和开闭环相结合三种控制方式。开环控制由总控制室计算机计算出太阳位置，控制电机带动聚光器绕轴转动，跟踪太阳；优点是控制结构简单，缺点是易产生累积误差。闭环控制每组聚光集热器均配有一个伺服电机，由传感器测定太阳位置，通过总控制室计算机控制伺服电机，带动聚光器绕轴转动，跟踪太阳，传感器的跟踪精度为 0.5°；优点是精度高，缺点是大片乌云过后无法实现跟踪。采用开闭环控制相结合的方式，克服了上述两种方式的缺点，效果较好。槽式聚光单轴跟踪系统结构如图 2-9 所示。

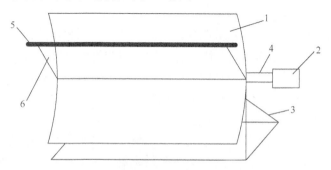

图 2-9　槽式聚光单轴跟踪系统结构
1. 反射聚光槽；2. 步进电机/电动推杆；3. 支架；4. 转轴；5. 吸收器；6. 聚光槽主面

MPCO2 数字伺服步进电机，其转轴与聚光槽的中轴连为一体，这样可以直接传动，这种传动结构用于小型的试验，大型的装置可以采用电动推杆，电动机通过一对齿轮减速后带动一对丝杠螺母把电机的旋转运动变为直线运动，利用电动机正反转完成推拉动作。

太阳能聚光反射装置的自动跟踪系统主要由电源、计算机控制系统、执行机构和手动调整单元等组成，其中执行机构由步进电机/电动推杆及传动机构组成。跟踪系统原理如图2-10所示，其中手动调整单元及传动部分未在系统工作流程中画出。

图 2-10　槽式聚光跟踪系统原理图

只要计算出太阳高度角 α 和方位角 φ，就可算出聚光槽法向主面与水平地面之间的夹角 β，通过步进电机或电动推杆来调整它的位置就可以实现准确跟踪。系统控制原理是通过比较计算太阳在槽式聚光反射器所处地理位置和具体时间的高度角及方位角，计算出槽式聚光反射器需要转动的角度，再通过驱动高度角方向上的步进电机或电动推杆，带动槽式聚光反射器转动相应的角度，来跟踪太阳的运动。高度角步进电机或电动推杆能够让槽式聚光反射器绕俯仰轴(同方位轴垂直)旋转跟踪太阳的高度角，一般而言，就是从东向西转动。计算机控制系统通过计算机程序计算得到当时、当地的太阳高度角、方位角，然后通过控制步进电机或电动推杆调整槽式聚光反射器的位置，使槽式聚光反射器能始终正对太阳。

2.3　塔式太阳能集热器

2.3.1　塔式太阳能聚光系统

塔式发电[15]是一种集中型太阳能热发电技术，其基本形式是利用独立跟踪太阳的定日镜群(阵)将阳光聚集到固定在塔顶部的接收器上以产生高温，加热工质，产生过热蒸汽或高温气体驱动汽轮发电机组或燃气轮机发电机组。塔式太阳能热发电的聚光系统原理为点式聚焦，通常聚焦温度在 650℃以上，属高温太阳能热发电，聚光比为 200～1000，甚至更高。

塔式太阳能热发电系统主要由集热子系统、吸热子系统、蓄热子系统、蒸汽发生器子系统和发电子系统组成。集热子系统实现对太阳的自动实时跟踪，将太阳光反射聚焦到塔顶吸热器；流过吸热器的传热介质吸收集热系统反射聚焦的高热流密度太阳能，并将其转化为自身的高温热能，高温传热介质流过位于地面的蒸汽发生器，将热量传递给水，产生高压过热蒸汽，推动汽轮机发电机组发电。

　　塔式太阳能集热原理是用众多反射镜面聚焦阳光获得能量。1950 年，苏联设计并建造了世界上第一座塔式太阳能热发电站的小型模拟实验装置，其设计容量为 50kW，对太阳能热发电技术进行了基础性的探索和研究，这是世界上研究开发太阳能热动力发电技术的第一次实际尝试。

　　20 世纪 50 年代，在欧洲各国支持下，为解决岛上缺乏化石资源的危机，当地政府决定在阿德诺镇上建立太阳能发电站。发电站的太阳能聚光镜由 182 面小聚光镜组成，其中 50m^2 的有 70 面，23m^2 的有 112 面，聚光镜总面积超过 6000m^2，阳光接收器和锅炉安装在 55m 高的中央塔顶上。镜面跟踪由计算机控制，镜面反射聚焦的太阳光能将塔顶上锅炉里的水加热，其最大压力可达 6485kPa，高温高压蒸汽推动涡轮机转动发电，发电能力达到 1000kW。

　　现代规模化的塔式太阳能热动力发电技术研究始于 20 世纪 80 年代初。1982年，美国在加利福尼亚州建成 Solar One（太阳 1 号）塔式太阳能热动力发电站，以水作为集热工质，装机容量 10MW。经过一段时间的试验运行和总结后，1995 年Solar One 被改造成 Solar Two（太阳 2 号），改以熔盐作为集热工质，装机容量同为 10MW，于 1996 年 1 月建成并投入试验运行。建造 Solar Two 的目的为着重研究 Solar Two 电站中的一些关键部件，如定日镜、塔顶接收器等，以及镜场布置设计，尤其是提供一座以熔盐作集热工质的塔式太阳能热动力发电站的示范性设计。经过试运行，澄清了发展以熔盐作集热储热工质的塔式太阳能热动力发电系统在经济上和技术上的若干不确定性，使工业界能够充满信心地去发展适于商用规模（30～100MW）的塔式太阳能热动力发电站。这是现代塔式太阳能热发电技术的开山之作，其经验教训一直为人借鉴吸取。

　　在此期间，世界各国相继建造了多座容量为 0.5～10MW 的塔式太阳能热动力发电实验电站。2004 年春，Abengoa 公司开始在西班牙建造一座功率为 11MW 的塔式太阳能热动力发电站，并于 2007 年投入试验运行，称为 PS10。该电站的与众不同之处是采用饱和蒸汽朗肯循环发电，而非过热蒸汽。2008 年，在 PS10 电站成功发电的基础上，在其近旁又建了另一座相同形式，功率为 20MW 的塔式太阳能热动力发电站，称为 PS20。该电站峰值发电效率为 23%，年平均发电效率为20%，它是目前世界上已建成的容量最大的塔式太阳能热动力发电站。

2.3.2　定日镜场

　　塔式太阳能聚光装置主要由定日镜阵列和集热塔组成。定日镜阵列由大量安装在现场上的大型反射镜组成，这些反射镜通常称为定日镜。每台定日镜都配有太阳跟踪机构，对太阳进行双轴跟踪，准确地将太阳光反射集中到各高塔顶部的吸热器。

　　定日镜是塔式太阳能热发电系统中最基本的光学单元体，是能量转化最初阶段非常重要的设备。它由光反射镜、镜架和相应的跟踪控制机构组成，由于加工和制造等原因，光学反射镜通常由多个平面或曲面的子镜拼接而成，固定安装在镜架上，并通过跟踪控制机构对太阳进行跟踪。定日镜在电站中不仅数量最多，占据场地最大，而且是工程投资的重头。美国 Solar Two 电站的定日镜建造费用占整个电站造价的 50%以上。虽然近年来定日镜成本已经不断降低，但在 2004 年 Solar Tres 塔式太阳能热发电系统建成时，定日镜建造费用仍是构成工程总成本的最大部分，高达 43%。因此，降低定日镜建造费用，对于降低整个电站工程投资是至关重要的，仍是今后的一个重要研发方向。目前，定日镜的研究开发以提高工作效率、控制精度、运行稳定性和安全可靠性以及降低建造成本为总体目标。

　　定日镜主要由反射镜、镜架基座及传动装置组成，以下就反射镜和镜架基座以及定日镜陈列对定日镜加以说明。

1. 反射镜

　　反射镜是定日镜的核心组件，从镜表面形状上讲，主要有平面镜、凹面镜、曲面镜等几种类型。在塔式太阳能热发电站中，由于定日镜距位于接收塔顶部的太阳能接收器较远，为了使阳光经定日镜反射后不致产生过大的散焦，把95%以上的反射阳光聚集到集热器内，目前国内外采用的定日镜大多是镜表面具有微小弧度(16')的平凹面镜。定日镜结构及反射原理如图 2-11 和图 2-12 所示。

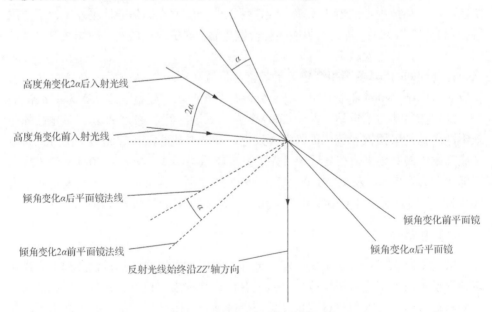

图 2-11　定日镜高度角反射原理图

图 2-12　定日镜

　　为了更好地克服由于太阳运动而产生的像差，中国科技大学陈应天教授发明了"陈氏曲面镜"，其镜表面是高次曲面。

　　从镜面材料上看，反射镜主要有张力金属膜反射镜和玻璃反射镜两种。

　　张力金属膜反射镜的镜面是用 0.2～0.5mm 厚的不锈钢等金属材料制作而成，可以通过调节反射镜内部压力来调整张力金属膜的曲度。这种定日镜的优点是镜面由一整面连续的金属膜构成，可以仅通过调节定日镜的内部压力调整定日镜的焦点，而不像玻璃定日镜那样由多块拼接而成。但是，这种定日镜自身难以逾越的缺点是反射率较低、结构复杂。

　　玻璃反射镜是目前塔式热电站中最常见的反射镜。它的优点是质量轻、抗变形能力强、反射率高、易清洁等。目前，玻璃反射镜采用的大多是玻璃背面反射镜。由于银的太阳吸收比低，反射率可达 97%，所以银是最适合用于太阳能反射的材料之一，但它在户外环境会迅速退化，因此必须予以保护。目前，应用在日光反射系统中的镀银玻璃镜多是用湿化学法或磁控溅射法制备的带有四层结构的第二表面镜，用 3～6mm 厚的玻璃作为沉积镜子的基体，同时也提供了一个清洁的硬表面。在玻璃上镀 70nm 厚的银层作为反射层；银的上层覆盖一层铜(厚度为30nm)，它能够起到保护金属银的作用，同时作为过渡层，用于降低银和保护漆之间的内应力，改善保护漆与金属之间的黏结。在铜层外涂两层保护漆，使外层的保护漆在金属表面形成一个保护膜，有时还会把银镜封夹在两层玻璃之间或喷涂上多层漆保护层使其保护性能更好。另外，反射镜面要有很好的平整度；整体镜面的形线要具有很高的精度，一般加工误差不要超过 0.1mm；整个镜面与镜体要有很高的机械强度和稳定性。

　　反射镜面长期暴露在大气条件下工作，不断有尘土沉积在表面，大大影响反射面的性能，因此如何保持镜面经常清洁，目前仍是所有聚光集热技术中面临的难题之一。一种方法是在反光镜表面覆盖一层低表面张力的涂层，使其具有抗污垢的作用。但已有的经验表明，在目前技术条件下，唯一有效可行的方法还是采用机械清洗的方法，定期对镜面进行清洗。

2. 镜架及基座

大型的太阳能发电站一般建在沙漠里，因此设备就需要有较好的性能以适应特殊的气候，如机械强度较高以抵御风沙天气、遇紧急情况便于转移等。

考虑到定日镜的耐候性、机械强度等原因，国际上现有的绝大多数塔式太阳能热发电站都采用了金属定日镜架。定日镜架主要有两种：一种是钢板结构镜架，其抗风沙强度较好，对镜面有保护作用，因此镜面本身可以做得很薄，有利于平整曲面；另一种是钢框架结构镜架，这种结构减小了镜面的质量，即减小了定日镜运行时的能耗，使之更经济。但钢框架结构也带来一个新问题，即镜面支架与镜面之间的连接，既要考虑不破坏镜面涂层，又要考虑镜子与支架之间结合的牢固性，还要有利于雨水顺利排出，以避免雨水浸泡对镜子的破坏。目前，对此主要可采取 3 种方法：在镜面最外层防护漆上黏上陶瓷垫片用于与支撑物的连接，用胶黏结，用铆钉固定。

定日镜的基座有独臂支架式的，也有圆形底座式的。独臂支架式定日镜基座有金属结构和混凝土结构两种；而圆形底座式定日镜基座一般均为金属结构。独臂支架式定日镜具有体积小，结构简单，较易密封等优点，但其稳定性，抗风性也较差，为了达到足够的机械强度，防止被大风吹倒，必须消耗大量的钢材和水泥材料为其建镜架和基座，其建造费用相当惊人；圆形底座式定日镜稳定性较好，机械结构强度高，且运行能耗少，但其结构比独臂支架式复杂，而且其底座轨道的密封防沙问题也有待进一步解决。

3. 定日镜阵列

定日镜阵列的投资成本一般占整个塔式太阳能热发电系统总投资成本的40%~50%，因此定日镜阵列的合理布置不但可以更有效地收集和利用太阳辐射能，而且也为降低投资成本和发电成本提供条件。

定日镜阵列的布置方式主要有按直线排列和辐射网格排列两种。一般多采用辐射网格排列，其优点是避免了定日镜处于相邻定日镜的反射光线正前方而造成较大的光学阻挡损失。

4. 定日镜之间的间距

由于定日镜要通过二维跟踪机构对太阳的高度角和方位角进行实时跟踪，

所以在定日镜场布置时，要考虑到定日镜旋转跟踪过程中所需要的空间大小，避免相邻定日镜之间发生机械碰撞。除此之外，定日镜阵列的布置还要考虑到在安装、检修及清洗定日镜、更换传动箱等部件时所需要的操作空间，确保各种工艺过程的实施。为此，相邻定日镜之间、前后排定日镜之间都要留有足够的间距。

在辐射网格布置方式中，径向间距和周向间距还可以通过保证定日镜之间无光学阻挡来确定。但通过这种方法所定义的间距通常比较大，在实际镜场布置时需要进行一定的调整。

5. 吸热器与镜场之间的配合

在塔式太阳能热发电系统中，定日镜阵列中成百上千个定日镜同时将能量聚集到吸热器开口处，因此吸热器内受热面要由耐热强度较高的合金钢材料制成，价格比较昂贵。为了使定日镜所汇集的能量能够被有效地接收，同时也不过多地增加受热面管材和定日镜场成本，在塔高一定的条件下，需要定日镜阵则布置与吸热器尺寸之间有较好的配合。

在辐射网格布置方式下，镜场的布置范围主要取决于南北径向和东西方位上的限定。腔式吸热器开口通常为矩形或正方形，且向镜场布置方向上有一定的倾斜角度，反射光线经吸热器开口进入后，其所携带的太阳辐射能被受热面内的换热介质吸收。因此，定日镜阵列的布置范围应受吸热器开口的大小、开口倾斜角度、受热面高度、受热面周向布置范围及受热面相对吸热器开口深度这些关键参数的限制。

6. 定日镜阵列的优化

定日镜阵列的优化是指如何选取定日镜的尺寸、个数、相邻定日镜之间及定日镜与接收塔之间的相对位置、接收塔的高度、吸热器的尺寸和倾角等各项参数，充分利用当地的太阳能资源，在投资成本最少的情况下，获得最多的太阳辐射能。

定日镜在接收和反射太阳能的过程中，存在包括余弦损失、阴影和阻挡损失、大气衰减损失和溢出损失等各种损失。其中，太阳光反射到固定目标上，定日镜表面不能总与入射光线保持垂直，可能会呈一定的角度，余弦损失就是由于这种倾斜所导致的定日镜表面面积相对于太阳光可见面积的减少而产生；阴影损失发生在当定日镜的反射面处于相邻一个或多个定日镜的阴影下而不能接收到太阳辐射能。这几种情况中，当太阳的高度较低的时候尤其严重，接收塔或其他物体的遮挡也可能对定日镜阵列造成一定的阴影损失。当定日镜虽未处于阴影区下，但其反射的太阳辐射能因相邻定日镜背面的遮挡而不能被吸热器接收所造成的损失称为阻挡损失。衰减损失为从定日镜反射至吸热器的过程中，太阳辐射能因在大气传播过程中的衰减所导致的能量损失，衰减度通常与太阳的位置(随时间变化)、当地海拔高度及大气条件(如灰尘、湿气、二氧化碳的含量等)所导致的吸收率变化有关。溢出损失为自定日镜反射的太阳辐射能因没有到达吸热器表面而溢出至外界大气中所导致的能量损失。

为此，在布置定日镜阵列时，要考虑这些损失产生的原因，并适当加以减免，从而收集到较多的太阳辐射能。

2.3.3　追踪系统

1. 控制要求及误差来源

通过天文公式可以精确计算定日镜每一时刻应处的位置，然而在制造、安装及运行过程中，不可避免地存在各种各样的误差，使定日镜跟踪精度低于设计精度，如不及时纠偏，不仅难以满足发电需要，聚光光斑甚至会偏离靶点，可能造成塔结构烧毁的事故。定日镜跟踪控制原理如图 2-13 所示。

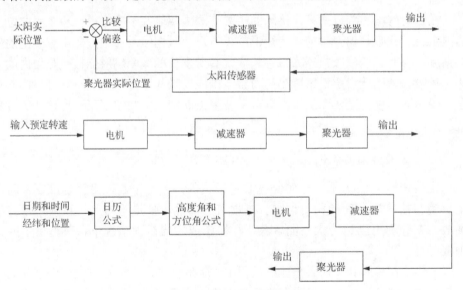

图 2-13　定日镜跟踪控制原理

定日镜场的控制需要考虑太阳辐射状况、风速、环境温度、与接收器启动与停机关系(接收器温度、汽包压力、进口流量、出口流体温度)、跟踪精度光斑特征系统(BCS)、每台定日镜控制旋转轴动作的就地控制器(HC)、定日镜阵列控制器(HAC)等。

以 Solar Two 电站为例，其共有 1926 块定日镜，$40m^2$ 定日镜 1818 台，$95m^2$

定日镜 108 台。其中，40m² 规格的定日镜场跟踪控制系统为开环分布式，实现对太阳的跟踪，保证定日镜反射光线能连续对准接收恭的瞄准点。1818 台 40m² 规格的定日镜为原 Solar One 电站地定日镜，相应的控制系统和控制器未改变。其镜场控制系统包括三个部分：①定日镜控制器 HC（共有 1818 个 HC，对 1818 台定日镜进行跟踪控制，控制器 HC 通过对瞄准所需高度角、方位角的计算，实现对定日镜的控制）；②镜场控制器 HFC（共有 64 个 HFC，每个镜场控制器可对与之连接的最多可达 32 台定日镜进行控制）；③定日镜阵列控制器 HAC（HAC 的功能包括与操作人员的接口，计算太阳位置向量瞄准点，与镜场控制器 HFC 单元连接等）。

上述 40m² 规格的定日镜控制系统在运行中存在各种误差。其中，最主要的误差来源是三种几何误差，即方位轴倾斜误差、镜对准非正交误差和编码器参考位置误差。

（1）方位轴倾斜误差：基座倾斜的定日镜水平和垂直跟踪误差。

（2）镜对准非正交误差：具有对准误差的定日镜跟踪误差特征，由于定日镜的方位轴需快速跟踪太阳造成的奇点，在每天某一时刻跟踪误差有很大的变化。

（3）编码器参考位置误差：使定日镜跟踪位置产生固定的偏转。编码器参考位置误差容易通过软件实现校正，这与方位轴倾斜误差和镜对准非正交误差需要对硬件进行调整才能降低是不同的。

2. 提高跟踪精度的策略

针对定日镜的跟踪误差情况，相关研究机构提出了一些提高跟踪精度的策略。尤其是美国 Sandia 国家实验室做了较多的研究，主要研究的策略包括以下 3 个方面。

（1）标记位置调整（或称偏置）策略。利用跟踪准确度数据计算定日镜方位和高度编码器的参考点或标记位置的改变，以减小时变跟踪误差，这种方法也被称作"偏置"定日镜。此处的偏置数值相当于电站协调控制系统重点编码器参考标记位置的数量，类似的调整策略已经被应用于 Solar Two 电站。

（2）移动策略。利用跟踪准确度数据计算定日镜在数据库中位置的补偿量（并非实际移动定日镜），以在准确度数据计算定日镜方位和高度编码器的参考点或标记位置的改变，以减小时变跟踪误差。

（3）模型修正策略。在定日镜控制系统中采用误差修正模型以减小时变跟踪误差。这需要很多高跟踪精度的测量数据，以便确定每个误差源的权重。这种方法已经在原型电站进行实际应用。

前两种策略可较容易在现有的控制系统中实施，但只能起到减小跟踪误差的作用，而不能彻底解决误差问题。第 3 种策略能较好地解决误差问题，可获得很高的跟踪精度，但较难应用于电站。

2.4　碟式太阳能集热器

1. 碟式太阳能热发电

简称碟式(dish)发电,又称蝶式、盘式发电。碟式发电采用的是聚光效率很高的旋转抛物面聚光器,其特点是典型聚光比 C 可达 2500～3000,集热温度多在850℃以上,属高温太阳能热发电。碟式太阳能热发电技术在太阳能热发电中拥有最高转换效率,从炊事、海水淡化,冶金行业使用的太阳灶、太阳炉到即将开始运转的太空发电,大都使用碟式系统。

在无线电技术中,碟式接收器是常见设备。在城乡的各个角落都有碟式电视接收器;碟式雷达接收器在军事上发挥着重要作用。SETI(寻找外星智慧计划)在美国加利福尼亚州建立的艾伦望远镜阵列,也是利用超敏感无线电接收器,捕捉太空信号的设置都是碟式。

碟式太阳能热发电技术是人类最早开发的太阳能热发电技术,是可以达到太阳能热利用最高转换效率的发电技术。因为同样的面积,发电能力达到太阳光伏电池的 3 倍,所以在太空、沧海孤岛、冰源荒野、探险据点等空间范围受限的场合,碟式太阳能热发电技术都是首选。

在碟式太阳能热发电系统中,热机可以考虑多种热力循环和工质,包括朗肯循环、布雷顿循环、斯特林循环,斯特林机的热电转换效率可达 40%。斯特林机的高效率和外燃机特性使其成为碟式太阳能热发电的首选热机,现被称为碟式/斯特林式太阳能热发电。

2. 碟式太阳能热动力发电技术的发展

早在 19 世纪 70 年代,在法国巴黎近郊建成的小型太阳能动力站,就是一个早期的碟式太阳能热动力系统。但它的作用不是发电,而是带动水泵抽水。

近年来,随着新型热动力机和其他相关技术迅猛发展,将新型热动力发电机组置于旋转抛物面聚光器焦点上,构成现代式太阳能热动力发电装置,即太阳能热气机动力发电系统。由于单个旋转抛物面聚光器不可能做得很大,所以碟式太阳能热动力发电装置的单机功率都比较小,一般为 5～50kW。它可以分散地单台发电,也可以由多台组成一个较大的发电场。

现代碟式太阳能热动力发电技术的研究,主要目标致力于研究碟式太阳能斯特林循环热动力发电装置,着眼于开发功率质量比大的空间电源。这项技术的研发工作始于 1980 年,美国和德国主攻。

美国第 1 台碟式太阳能热动力发电装置的聚光器为小面积型,具有二次反射镜，因此具聚光比很高，达到 3000。聚光器结构坚固，单位光孔面积质量大约是 $100kg/m^2$。1983 年，美国 Advanco 研制的 Vanguard I 原型机，发电功率为 25kW，安装在美国加利福尼亚州，1984 年 2 月～1985 年 6 月，在沙漠地区总计运行了 18 个月。该装置聚光器的直径为 10.7m，镜面区光面积为 86.7m，动力机采用了美国联合斯特林公司生产的 4-95II 型斯特林机，该机为 4 缸，汽缸容积为 $95cm^3$，并联配气，具有双动活塞，组装成四方形，工作气体采用氢气，压力为 20MPa，温度为 720℃。斯特林机的功率由改变工作气体的压力进行调节。Advanco/Vanguard 系统(包括辅助系统)的净效率超过 30%，至今仍保持着这类动力发电机组转换效率的世界纪录。

其后，道格拉斯公司采用相同的技术和热气机，研发了另一台改进型碟式太阳能斯特林循环热动力发电装置。其旋转抛物面聚光器的入射光孔面积为 $88m^2$，由 82 枚小弧面镜组成，总计生产了 6 台，安装在美国境内不同地区进行运行试验。经过评估，机组性能达到了 Advanco/Vanguard 系统的水平，但随后计划停止。1996 年，该项目的研发工作重新得到了一定的资金扶持，组装了多台碟式太阳能斯特林循环热动力发电装置，投入试验运行与改进。至 2003 年，该装置日转换效率达到 24%～27%，年转换效率达到 24%，更重要的是，在太阳辐射强度为 $300W/m^2$ 时达到 94%的利用率。

在上述工作的基础之上，2010 年，美国在 Mojave 沙漠地区安装了 60 台 Vanguard I 型碟式太阳能斯特林循环热动力发电装置，总装机容量为 1500kW。

1992 年，德国研制成功碟式太阳能斯特林循环热动力发电装置，其发电功率为 9kW，至 1995 年 3 月，累计运行了 17000h，峰值净转换效率为 20%，月平均净转换效率为 16%。

1992～1993 年，日本在宫古岛进行了碟式太阳能斯特林循环热动力发电实验，机组额定发电功率为 8kW。聚光器由 24 枚反射镜组成，其输出功率为 40kW。

2004 年，法国国家科学研究中心研制成功发电功率为 10kW 的碟式太阳能热斯特林循环发电装置，至 2006 年已运行 2500h。

2.4.1 碟式太阳能聚光系统

碟式太阳能热发电技术是先将太阳能的热量聚集起来，转换成机械能，然后转化成电能输出。由于将集热装置与发电装置作为一体，结构紧凑热损失较小，所以在光热发电技术中，它的光电转化效率最高。碟式太阳能热发电系统主要由聚光器、接收器、热机、支架、跟踪机构等组成，如图 2-14 所示。

热机是将热能转化为机械能的装置，在碟式太阳能热发电系统中，应依据热力循环方式选用不同的热机。碟式系统所采用的热力循环有斯特林循环、布雷顿循环两种，前者使用的热机为斯特林发动机，后者使用燃气轮机。

图 2-14　碟式太阳能热发电系统

1. 斯特林循环

斯特林循环[16]是目前碟式太阳能热发电技术中研究和应用最多的一种，它是利用高温高压的氢气或氦气作为工质，通过 2 个等容过程和 2 个等温过程组成可逆循环，如图 2-15 所示。气缸中装有 2 个对置的活塞，中间设置 1 个回热器用于交替的吸热和放热，活塞和回热器之间为膨胀腔和压缩腔。膨胀腔始终保持高温 T_{max}，压缩腔则始终保持低温 T_{min}。由图 2-16 可见，斯特林循环由以下 4 个换热过程组成：1—2 为等温压缩，热量从工质传递给外部低温热源；2—3 为等容过程，热量从回热器传给工质；3—4 为等温膨胀，热量从外部高温热源传递给工质；4—1 为等容过程，热量由工质传递给回热器。

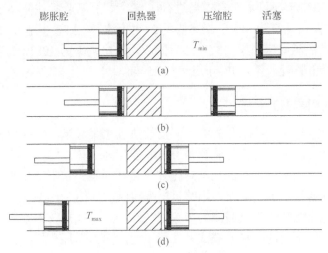

图 2-15　斯特林循环示意图

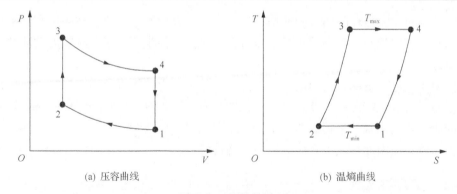

(a) 压容曲线   (b) 温熵曲线

图 2-16 斯特林循环

斯特林发动机的理论效率接近卡诺循环效率，因此国际上对碟式太阳能热发电系统的研究绝大多数采用的是斯特林循环。用于太阳能热发电的斯特林发动机有联动式和自由活塞式两种结构，前者通过与活塞连接的旋转曲轴输出能量；而后者则没有旋转曲轴的结构，直接通过活塞的运动输出能量。采用斯特林发动机的碟式太阳能热发电系统已在美国、西班牙、德国等多家科研机构运行成功，其最高热电转换效率可达 40%，其中成功运行的斯特林发动机主要为 USAB 4295、STM 42120、SPSV2160、SOLO161 等型号。

2. 布雷顿循环

理想的布雷顿循环由绝热压缩、等压加热、绝热膨胀和等压冷却 4 个过程组成。高温高压循环工质在燃气轮机内膨胀做功，把热能转化为机械能，做功后的工质在回热器中将热量传给由压缩机送出的高压工质，预热后的高压工质即进入接收器，至此则完成了一个循环，如图 2-17 所示。透平、压缩机和发电机为同轴布置，即由高温高压循环工质推动燃气轮机运转带动发电机发电，实现了光-热-电的转换。

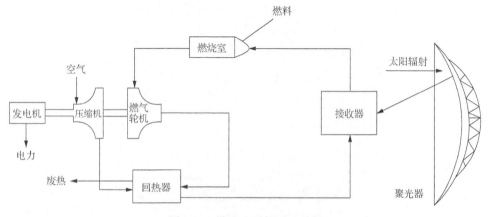

图 2-17 碟式布雷顿循环系统

　　碟式布雷顿循环的研究和应用相对较少，仅有少数研究机构对采用布雷顿循环的碟式太阳能热发电系统进行了试验性的研究，但也证明了这种热力循环方案的可行性。

　　由于斯特林发动机使用的是外部热源，其推动力并不仅限于燃烧热、地热、太阳能等可再生能源作为斯特林发动机的热源，所以避免了环境污染问题。就目前的研究状况来看，采用碟式/斯特林循环的碟式太阳能热发电系统占绝大多数，是未来碟式太阳能热发电系统的主要发展趋势。

2.4.2　抛物面聚光器

　　聚光器是将来自太阳的平行光聚集，以实现从低品位能到高品位能的转化。目前研究和应用较多的蝶式聚光器主要有玻璃小镜面式、多镜面张膜式、单镜面张膜式。

1. 玻璃小镜面式

　　这种聚光器将大量的小型曲面镜逐一拼接起来，固定于旋转抛物面结构的支架上，组成一个大型的旋转抛物面反射镜，如图 2-18 所示。这类聚光器由于采用大量小尺寸曲面反射镜作为反射单元，可以达到很高的准确度，而且可以实现较大的聚光比，从而提高了聚光器的光学效率。

图 2-18　玻璃小镜面式聚光器

2. 多镜面张膜式

这种聚光器的聚光单元为圆形张膜旋转抛物面反射镜，将这些圆形反射镜以阵列的形式布置在支架上，并且使其焦点皆落于一点，从而实现高倍聚光。图 2-19 多镜面张膜式聚光器是由 12 个直径为 3m 的张膜反射镜组合而成的阵列，其反射镜面积为 85m^2，可提供 70kW 的功率用于热机运转发电。

(a) 多镜面张膜式聚光器　　　　　　　　(b) 普通碟式太阳能聚光器

图 2-19　多镜面张膜式聚光器与普通碟式太阳能聚光器

3. 单镜面张膜式

单镜面张膜式聚光器只有一个抛物面反射镜。它采用两片厚度不足 1mm 的不锈钢膜，周围分别焊接在宽度约 1.2m 的圆环的两个端面，然后通过液压气动载荷将其中的一片压制成抛物面形状，两层不锈钢膜之间抽成真空，以保持不锈钢膜的形状及相对位置。由于是塑性变形，所以很小的真空度即可达到保持形状的要求。

单镜面和多镜面张膜式反射镜一旦成形后极易保持较高的硬度，以及施工难度低于玻璃小镜面式聚光器，因此得到了较多的关注。

2.4.3　接收器

1. 直接照射式接收器

太阳光直接照射到换热管上是碟式太阳能热发电系统最早使用的太阳能接收方式。直接照射式接收器是将斯特林发动机的换热管簇弯制组合成碟状，聚集后的太阳光直接照射到这个碟的表面(即每根换热管的表面),换热管内工作介质高速流过,吸收太阳辐射的能量,达到较高的温度和压力,从而推动斯特林发动机运转。

由于斯特林换热管内高流速、高压力的氦气或氢气具有很高的换热能力,所以直接照射式接收器能够实现很高的接收热流密度(约 $75 \times 104W/m^2$)。但是,由于太阳辐射强度具有明显的不稳定性,以及聚光镜本身可能存在一定的加工精度问题,导致换热管上的热流密度呈现明显的不稳定与不均匀现象,从而使多缸斯特林发动机中各汽缸温度和热量供给的平衡难以解决。

2. 间接受热式接收器

间接受热式接收器是根据液态金属相变换热性能机理,利用液态金属的蒸发和冷凝将热量传递到斯特林热机的接收器。间接受热式接收器具有较好的等温性,从而可延长热机加热头的寿命,同时提高了热机的效率。在对接收器进行设计时可以对每个换热面进行单独的优化。这类接收器的设计工作温度一般为 650~850℃,工作介质主要为液态碱金属铁、钾或钠钾合金(它们在高温条件下具有很低的饱和蒸气压和较高的汽化潜热)。间接受热式接收器包括沸腾接收器、热管接收器和混合式执管接收器等。

2.5　新型中低温槽式太阳能热发电系统设计实例分析

2.5.1　聚光集热系统基本设计

本节以华北电力大学(北京)分布式能源实验室搭设的新型中低温槽式太阳能热发电系统为实例,分析这种新型槽式热发电系统的热性能。首先介绍一下这种新型太阳能聚光集热系统的结构。

光场部分采取传统槽式抛物面轻型集热器(开口 2.55m×8m,一期工程共计 4 个集热槽)并加以改进。整个的槽式太阳能聚光集热系统包括新型镜场、新型集热管及跟踪控制系统三个部分。聚光场是太阳能热捕捉系统的重要子系统,为后端制热提供有效的热源输入,关乎太阳能制热系统整体综合效率的高低与经济性,光场设计是整个太阳能热发电系统的核心,关系到后端能量的输入。根据控制变量法及对比实验的原则,四个集热槽由右向左依次为:①传统抛物面槽式集热器;②真空集热管内插涡轮(三叶片转子)的新型集热器;③顶部带有菲涅耳透镜的新型集热器;④真空集热管内插涡轮(三叶片转子)且顶部带有菲涅耳透镜的联合新型集热器。因此,重点在于带有菲涅耳透镜及内插涡轮(三叶片转子)的有关设计,系统图如图 2-20 所示。

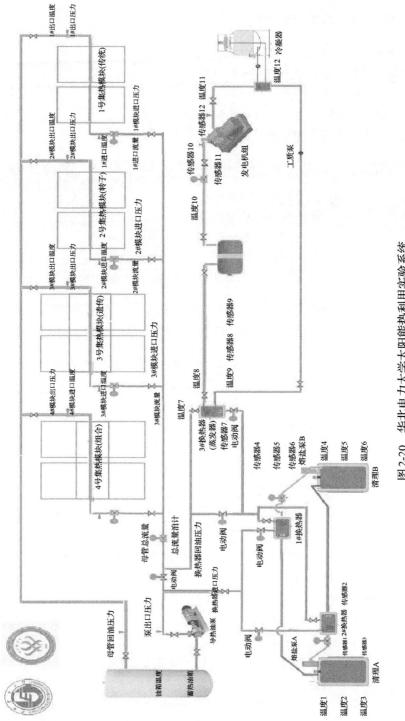

图2-20 华北电力大学太阳能热利用实验系统

2.5.2 新型镜场参数设计及仿真分析

 针对槽式集热器存在的聚光效率不高、集热管受热不均、易产生较大热应力影响寿命等问题，结合现有线性菲涅耳透镜聚光技术，对传统抛物面槽式太阳能热发电技术的镜场部分结构优化，确立了新型槽式集热器的方案，如图 2-21 所示。该方案已经过计算论证、模拟仿真及实验验证，在增加光线捕捉、提升集热效率、改善集热系统的安全性和经济性方面有显著优势。

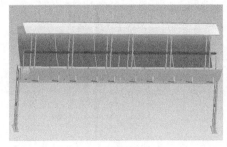

(a) 整体效果图1　　　　　　　　　(b) 整体效果图2

图 2-21　新型槽式聚光器装置设计方案效果图

 在该聚光集热器中，由母管将导热油均匀分给 4 个槽式集热器，结构改善之后的新型槽式聚光集热器将直射至光场的太阳辐射通过反射和透射两种捕获形式，有效地将光线聚焦到位于抛物线焦线的集热管上，集热管中的传热工质被加热到一定品质(符合要求的温度、压力等)之后，通过后端相连的换热器将热能释放，为后端发电提供可靠热源。聚光器采用南北轴布置、东西向单轴跟踪方式追踪太阳运动轨迹，集热管中的传热工质被加热到约 280℃左右(结合 T55 导热油特性，最佳运行温度不超过 300℃)。其中，光场额定功率共计 25kW，配备有 75kW 的辅助电加热炉，最大出力可满足后端换热需求的 100kW 热功率输入。

 为保证底部反射镜光线反射聚焦的准确性，以及避免上方透镜对底部反射镜的遮光效应，因此将原先位于底部的槽式支架拉开一定距离，最终形成如图 2-21 所示的新型聚光集热器的方案，集热器的反射镜从中线向两侧各拉开，以减少由于菲涅耳透镜遮光产生的损失。

 根据图 2-7 所示的菲涅耳透镜结构，菲涅尔透镜是由许多单个带有一定弧度的楔形镜齿构成，但在实际工程应用之中，透镜齿则常被加工成三角形，图 2-22 为镜齿简化的示意图。

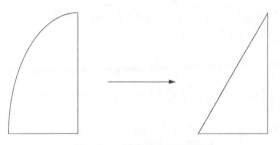

图 2-22 镜齿简化示意图

以上述单齿为研究对象，结合图 2-23 所示的光线垂直射入菲涅尔透镜的光路原理图，对菲涅尔透镜进行光学聚焦特性数学模型推导。由光学原理，可得到如下公式：

$$\psi_2 = \psi_1 \tag{2-1}$$

$$\psi_4 = \psi_3 - \psi_1 \tag{2-2}$$

$$\tan(\psi_3 - \psi_1) = \frac{l_{\text{fre}}}{f_{\text{fre}}} \tag{2-3}$$

式中，ψ_1、ψ_2、ψ_3、ψ_4 分别表示图中相应的入射角、工作面的角度、折射角、折射光线与菲涅尔透镜中心轴线的夹角等各个角度，（°）；l_{fre}、f_{fre} 分别表示齿到菲涅尔透镜镜面中心的距离与焦距尺寸，m。

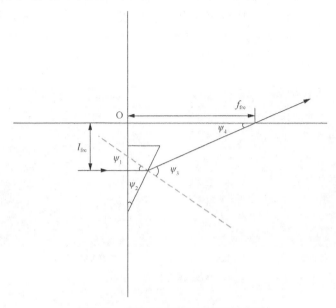

图 2-23 菲涅尔透镜光路聚焦原理图

由光学折射定律可知，菲涅尔透镜的折射率 n_{fre} 为

$$n_{\text{fre}} = \frac{\sin\psi_3}{\sin\psi_1} \tag{2-4}$$

结合式(2-2)与式(2-4)可推出下式：

$$\tan\psi_2 = \frac{\sin(\psi_3 - \psi_2)}{n_{\text{fre}} - \cos(\psi_3 - \psi_2)} \tag{2-5}$$

结合式(2-3)与式(2-5)可推出下式：

$$\psi_2 = \arctan\frac{\sin\left[\arctan\left(\dfrac{l_{\text{fre}}}{f_{\text{fre}}}\right)\right]}{n_{\text{fre}} - \cos\left[\arctan\left(\dfrac{l_{\text{fre}}}{f_{\text{fre}}}\right)\right]} \tag{2-6}$$

将上式进行三角函数数学变换，可将其化简为如下计算公式：

$$\tan\psi_2 = \frac{l_{\text{fre}}}{n_{\text{fre}}\sqrt{f_{\text{fre}}^2 + l_{\text{fre}}^2} - 1} \tag{2-7}$$

基于蒙特卡罗法光线轨迹追踪法，分别采用 SolTrace 软件及 Trace Pro 两种光学软件分别对本项目中采用的轻型传统抛物面槽式集热器(开口采光面积为 2.55m×8m)及增加顶部透镜装置的新型集热器聚光特性进行光学模拟与对比分析，效果分别如图 2-24 及图 2-25 所示。

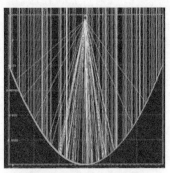
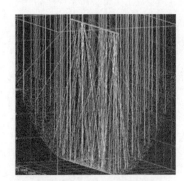

传统槽式集热器运行正视图　　　　　传统槽式集热器运行侧视图

(a) 传统槽式集热器光线模拟图

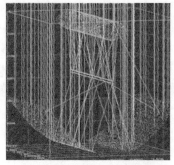
新型槽式集热器运行正视图

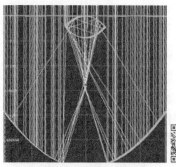
新型槽式集热器运行侧视图

(b) 新型槽式集热器光线模拟图

图 2-24　新、旧型集热器光线模拟图像（SolTrace 软件）（彩图扫二维码）

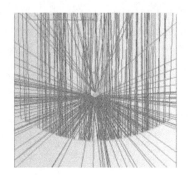
传统槽式集热器运行正视图

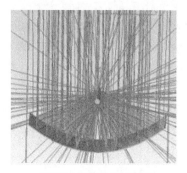
传统槽式集热器运行斜视图

(a) 传统槽式集热器光线模拟图

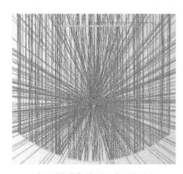
新型槽式集热器运行正视图

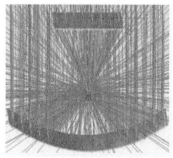
新型槽式集热器运行斜视图

(b) 新型槽式集热器光线模拟图

图 2-25　新、旧型集热器光线模拟图像（Trace Pro 软件）（彩图扫二维码）

　　将图 2-25 结果的数据处理，得到图 2-26 所示的两类集热器中各自真空集热管一半圆周方向的热流密度分布曲线。由图可知，当集热系统输入 $644\mathrm{W/m^2}$ 日照工况时，传统轻型槽式集热器的集热管在半圆周方向的变化趋势与 1000W/m^2 工况时有所不同，此时热流密度值跟随圆周角 φ 的方向呈现出单调下降的趋势，最大聚焦点出现在 φ=0°，相应的热流密度值为 28980W/m^2，而并非之前模型验证的 17°处。此时，局部聚光比的最大值有所下降，从 50 降低至 45。这也再次说明外界日照条件的波动对于槽式聚光装置的集热影响较为明显，传统槽式聚光器焦距处真空集热管圆周方向热流密度分布不均匀的特点更加凸显。相反地，带有菲涅尔透镜的新型槽式聚光集热器表现出不一样的光学汇聚特性。新型集热器中集热管在圆周方向的热流密度呈现出有增有减的驼峰状变化趋势，并分别于 φ 等于 30°和 150°处出现了两次热流密度峰值，分别为 12236W/m^2 与 16100W/m^2，对应的局部聚光比则分别为 19 与 25；此外，在圆周角 φ 为 90°左右处汇聚的能量最小，热流密度值处于低谷。与传统槽对比可知，虽然损失了最大的局部聚光比个别值，但正是由于透镜结构的存在，光路汇聚可利用的范围进一步拓宽，打破了单一依靠底部抛物面反射镜反射汇聚的结构缺陷，尤其是令真空集热管在圆周方向的热流分布更加均匀，进一步趋于合理，这样可有效延长设备的使用寿命，改善传统槽式集热器中核心设备-真空集热管受热不均的问题。

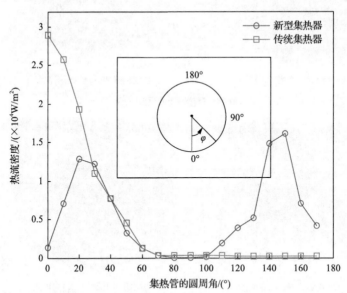

图 2-26　新型与传统集热器各自真空集热管圆周方向热流密度分布

2.5.3　内插涡轮(三叶片转子)的新型集热管设计及传热特性分析

本方案中，采取对传统轻型槽式太阳能集热器与之匹配的中国西电陕西宝光集团生产的真空集热管进行优化改进，图 2-27 为结构图，所选集热管的基本参数如下：真空集热管长度 2000mm，玻璃管外径 95mm，内管导热管外径 40mm，壁厚 2mm，工作压力≤4MPa，使用温度≤350℃，平均热损（300℃）≤60W/m²，吸收率≥95%，发射比（300℃）≤11%，真空度（20℃）≤3×10⁻³Pa，导热管材质：304 不锈钢，使用寿命≤20 年。

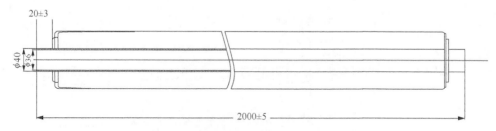

图 2-27　太阳能真空集热管结构图（单位：mm）

　　本方案根据传热学及场协同理论，自行设计研发了三叶片螺旋形涡轮转子结构，将其置于真空集热管内管之中，以实现对管内导热油扰流均匀，强化换热的效果。新型真空集热管装置整体包括三部分：传统真空集热管、内插转子和端部固定件。其中，转子由三组周向对称的螺旋叶片和位于中心的转轴构成，三组螺旋叶片各自焊接于转子转轴的轮毂上；两个端部固定件分别过盈配合安装于真空集热管内管两端的集热管入口和集热管出口内；转子与真空集热管内管构成转动副。此装置构造简单可靠，技术成本低，安装简单易操作，工艺技术成熟可靠；可有效提高导热油流体的混合程度，达到强化传热的目的；流动阻力较小，且提高了导热流体的出口温度，具体效果图及结构图如图 2-28、图 2-29 所示：

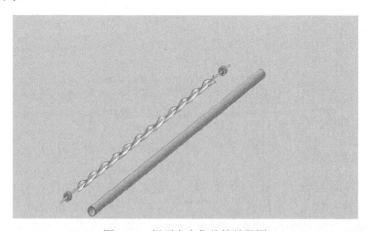

图 2-28　新型真空集热管效果图

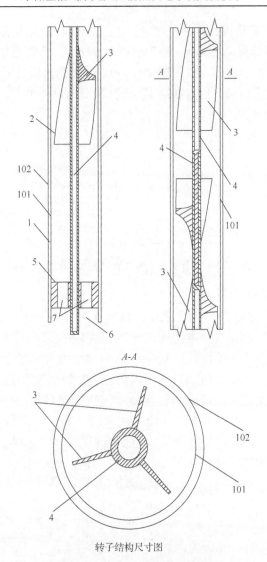

转子结构尺寸图

图 2-29 新型真空集热管结构图

1：真空集热管；101：真空集热管内管；102：真空集热管外管；2：螺旋三叶片转子；
3：螺旋叶片；4：转子转轴；5：端部固定件；6：集热管入口；7：导流通道

1. 管内流体动力分析

1) 运动分析

当集热管内装入内插物转子之后，转子的存在使流动通道变窄。研究流过转子的导热油流动特性，以液滴为动点，动参考系固定在螺旋叶片转子上，定参考系选择大地的地面，如图 2-30 所示。当内插转子的集热管进口处导热油以轴向速

度 v_z (以此处及下文中出现的所有线速度单位均为 m/s) 流入时,驱动转子沿 z 轴以角速度 ω (rad/s) 旋转,流过新型集热管转子叶片外径对应截面的导热油体积流量 V_{rot} (m³/s) 如式 (2-41) 所示。

$$V_{rot} = v_z \left[\frac{\pi}{4} D_{absi}^2 - \pi r_{axis}^2 - \frac{3(B_1 + B_2)(r_{rot} - r_{axis})}{2} \right] \tag{2-8}$$

式中,D_{absi} 为真空集热管内管直径;r_{axis} 为中心轴轮毂半径;B_1、B_2 分别为叶片上下端宽度;r_{rot} 为叶片外半径。

当内插转子集热管内流动趋于稳定之时,除紧靠的中心轴轮毂及管壁处外,导热油流体在管内的轴向速度趋于均匀性分布,此时可采取式 (2-9) 中的近似流量简化公式进行本小节理论研究的公式推导。

$$V_{rot} \approx \pi v_z (r_{rot}^2 - r_{axis}^2) \tag{2-9}$$

转子的螺旋升角 γ_{rot} (°) 表示相对速度 v_r 与 x 坐标轴正向夹角。根据转子的叶片半径 r 与螺距 H_{pit} 可推出:

$$\gamma_{rot} = \arctan \frac{H_{pit}}{2\pi r}, \qquad r_{axis} \leqslant r \leqslant r_{rot} \tag{2-10}$$

流体的绝对速度 v_{ab}、流体与转之间的相对运动速度 v_r 及转子对导热油流体的牵连速度 v_e 三者满足矢量平行四边形法则。由于 v_e 无轴向分量,v_{ab} 的轴向分量与 v_r 的轴向分量相等,均与管内导热油流体的轴向平均速度 v_z 一致,表达式如下:

$$v_z = v_{ab} \cos \beta = v_r \sin \gamma_{rot} \tag{2-11}$$

其中,当导热油驱动转子旋转时,从集热管流体的出口往进口方向看,当流体以逆时针方向运行时,即图 2-30 中运动的切向分量 v_e 为正指逆时针方向,则转子为顺时针反向旋转,且满足下式:

$$v_e = \omega r \tag{2-12}$$

v_{ab}、v_r 的切向分量分别为 v_x、v_{rx},且满足如下关系式:

$$v_x = v_{rx} - \omega r \tag{2-13}$$

其中,相对速度 v_r 在切向的水平分量满足以下关系式:

$$v_{rx} = v_r \cos \gamma_{rot} = \frac{v_z}{\sin \gamma_{rot}} \cos \gamma_{rot} = v_z \cot \gamma_{rot} \tag{2-14}$$

所以，由式 (2-13) 与式 (2-14) 可知：

$$v_x = v_z \cot \gamma_{rot} - \omega r \qquad (2\text{-}15)$$

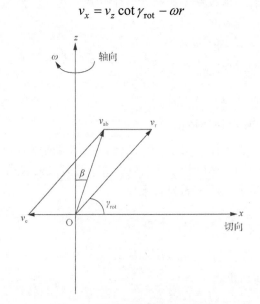

图 2-30　导热油流体运动分析图

2) 力矩分析

以转子为研究对象，则转子在真空集热管内部的运动形式可视为忽略平动下的绕定轴转动。根据动量矩定理，转子绕定轴 (z 轴) 转动的转动惯量 J_z 与角加速度 $\dfrac{d\omega}{dt}$ 的乘积等于作用于转子上所有的外力 F 对该轴之矩的代数和。即可建立如下转动微分方程：

$$J_z \frac{d\omega}{dt} = \sum m_z(F) = M_d - M_f \qquad (2\text{-}16)$$

式中，M_d、M_f 分别为导热油流体给予转子的动力矩与阻力矩，N·m。当流动处于定常状态下时有 $\dfrac{d\omega}{dt} = 0$，此时力矩平衡，M_d 与 M_f 大小相等。

(1) 动力矩。以图 2-31 中区域 $N_1 N_2 g_3 g_4$ 集热管全长内流过转子的导热油流体为研究质点系，假设流经转子进出口流体的绝对速度分别为 v_{ab1} 与 v_{ab2}，绝对速度 v_{ab} 与 z 轴进出口的夹角分别为 β_1 与 β_2，本节中下标的 1 与 2 分别表示集热管的进出口。导热流体进入与离开转子的 Δt 时间内，质点系对 z 轴进出口的动量矩 $L_{N_1 N_2 g_1 g_2}$ 与 $L_{N_3 N_4 g_3 g_4}$ 分别为

$$L_{N_3 N_4 g_3 g_4} = V_{rot} \rho_{oil} v_{ab2} r_m \sin \beta_2 \Delta t \qquad (2\text{-}17)$$

$$L_{N_1N_2g_1g_2} = V_{rot}\rho_{oil}v_{ab1}r_m\sin\beta_1\Delta t \tag{2-18}$$

式 (2-17) 和式 (2-18) 中，r_m 为叶片平均半径，$r_m = \dfrac{r_{rot} + r_{axis}}{2}$；$\rho_{oil}$ 为管内导热油密度。

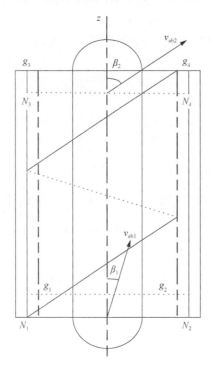

图 2-31 转子动力矩分析示意图

根据动量矩定理可知，转子对导热油流体作用力而产生的转动力矩 M_d' 等于流体质点系对 z 轴动量矩对时间的导数，即

$$M_d' = \sum\frac{dL}{dt} = \frac{\Delta L}{\Delta t} = V_{rot}\rho_{oil}r_m'(v_{ab2}\sin\beta_2 - v_{ab1}\sin\beta_1) \tag{2-19}$$

由于导热油轴向进入集热管，所以 $\beta_1=0$，所以上式可化简为

$$
\begin{aligned}
M_d' &= V_{rot}\rho_{oil}r_m v_{ab2}\sin\beta_2 = V_{rot}\rho_{oil}r_m v_{x2}\\
&= \pi v_z(r_{rot}^2 - r_{axis}^2)v_z\left[\frac{\pi}{4}D_{absi}^2 - \pi r_{axis}^2 - \frac{3(B_1 + B_2)(r_{rot} - r_{axis})}{2}\right]\rho_{oil}r_m v_{x2}
\end{aligned} \tag{2-20}
$$

式中，v_{x2} 为出口切向速度。

根据力矩的相互作用可知，导热油流体给予转子的动力矩 M_d 与转子对导热油流体作用的转动力矩 M_d' 大小相等，方向相反，即动力矩最终表达式为

$$M_{\mathrm{d}} = M_{\mathrm{d}}' = \pi v_z (r_{\mathrm{rot}}^2 - r_{\mathrm{axis}}^2) \rho_{\mathrm{oil}} r_{\mathrm{m}} v_{x2} \tag{2-21}$$

(2)阻力矩。导热油具有黏滞性，在转子转动过程之中会与其转毂、叶片产生相对流速，所以会导致阻扰转子转动的阻力矩产生，即因为导热油黏滞作用而产生的摩擦阻力力矩 M_{f}。该阻力矩主要由两部分构成：轮毂阻力矩 M_{f1} 与叶片阻力矩 M_{f2}。下面就此两项分别展开推导：

转子轮毂半径 r_{axis} 处对应的内螺旋升角 $\gamma_{\mathrm{rot\_i}}$ 可由下式计算：

$$\gamma_{\mathrm{rot\_i}} = \arctan \frac{H_{\mathrm{pit}}}{2\pi r_{\mathrm{axis}}} \tag{2-22}$$

由式(2-10)可知，中心轴轮毂与导热油流体的相对运动速度 v_{ri} 为

$$v_{\mathrm{ri}} = \frac{v_z}{\sin \gamma_{\mathrm{rot\_i}}} \tag{2-23}$$

导热油与轮毂单位面积的摩擦阻力 τ_1 等于二者之间的范宁摩擦系数 f_1 与流体动能因子 $\dfrac{\rho_{\mathrm{oil}} v_{\mathrm{ri}}^2}{2}$ 的乘积，且方向与 v_{ri} 的相同，表达式为

$$\tau_1 = \frac{f_1 \rho_{\mathrm{oil}} v_{\mathrm{ri}}^2}{2} = \frac{f_1 \rho_{\mathrm{oil}} v_z^2}{2 \sin^2 \gamma_{\mathrm{rot\_i}}} \tag{2-24}$$

轮毂表面积 A_{wh} 表达式如下

$$A_{\mathrm{wh}} = 2\pi r_{\mathrm{axis}} l_{\mathrm{abs}} \tag{2-25}$$

式中，l_{abs} 为集热管长度。

所以，中心轴轮毂阻力矩 M_{f1} 的计算表达式为

$$\begin{aligned}
M_{\mathrm{f1}} &= (A_{\mathrm{wh}} \tau_1) r_{\mathrm{axis}} \cos \gamma_{\mathrm{rot\_i}} = 2\pi r_{\mathrm{axis}}^2 l_{\mathrm{abs}} \tau_1 \cos \gamma_{\mathrm{rot\_i}} \\
&= 2\pi r_{\mathrm{axis}}^2 l_{\mathrm{abs}} \frac{f_1 \rho_{\mathrm{oil}} v_z^2}{2 \sin^2 \gamma_{\mathrm{rot\_i}}} \cos \gamma_{\mathrm{rot\_i}}
\end{aligned} \tag{2-26}$$

由三角函数数学关系可知

$$\cot \gamma_{\mathrm{rot\_i}} = \frac{\cos \gamma_{\mathrm{rot\_i}}}{\sin \gamma_{\mathrm{rot\_i}}} = \frac{2\pi r_{\mathrm{axis}}}{H_{\mathrm{pit}}} \tag{2-27}$$

所以，式(2-25)中的 M_{f1} 可化简为

$$M_{\mathrm{f1}} = 2\pi^2 r_{\mathrm{axis}}^3 l_{\mathrm{abs}} \frac{f_1 \rho_{\mathrm{oil}} v_z^2}{H_{\mathrm{pit}} \sin \gamma_{\mathrm{rot\_i}}} \tag{2-28}$$

叶片的阻力矩 M_{f2} 以叶片对应的平均半径 r_m 为特征物理量展开分析，γ_{rot_m} 为 r_m 下的内螺旋升角。参考式(2-22)～式(2-28)可知，导热油与转子相对运动导致叶片产生的摩擦切应力 τ_2 为

$$\tau_2 = \frac{f_2 \rho_{oil} v_{rm}^2}{2} = \frac{f_2 \rho_{oil} v_z^2}{2 \sin^2 \gamma_{rot\_m}} \tag{2-29}$$

式中，f_2 表示叶片与导热油之间的范宁摩擦系数。

$$\gamma_m = \arctan \frac{H_{pit}}{2\pi r_m} \tag{2-30}$$

$$v_{rm} = \frac{v_z}{\sin \gamma_{rot\_m}} \tag{2-31}$$

由于转子叶片的宽度为 l_{rot}，长度为 $\dfrac{l_{abs}}{\sin \gamma_{rot\_m}}$ ，所以叶片面积 A_{rot} 为

$$A_{rot} = \frac{2l_{rot} l_{abs}}{\sin \gamma_{rot\_m}} \tag{2-32}$$

借鉴式(2-27)有以下函数关系：

$$\cot \gamma_{rot\_m} = \frac{\cos \gamma_{rot\_m}}{\sin \gamma_{rot\_m}} = \frac{2\pi r_m}{H_{pit}} \tag{2-33}$$

所以，叶片阻力矩 M_{f2} 的表达式为

$$M_{f2} = A_{rot} \tau_2 r_m \cos \gamma_{rot\_m} = \frac{2l_{rot} l_{abs} r_m}{\sin \gamma_{rot\_m}} \frac{f_2 \rho_{oil} v_z^2}{2 \sin^2 \gamma_{rot\_m}} \cos \gamma_{rot\_m} = 2\pi r_m^2 l_{rot} l_{abs} \frac{f_2 \rho_{oil} v_z^2}{H_{pit} \sin^2 \gamma_{rot\_m}} \tag{2-34}$$

由于轮毂与叶片同属一种材料，且导热油流动状态保持一定，所以设 $f_1 = f_2 = f_{rot1}$。综上，转子的总阻力矩 M_f 为

$$M_f = M_{f1} + M_{f2} = \frac{2\pi l_{abs} f_{rot1} \rho_{oil} v_z^2}{H_{pit}} \left(\frac{\pi r_{axis}^3}{\sin \gamma_{rot\_i}} + \frac{r_m^2 l_{rot}}{\sin^2 \gamma_{rot\_m}} \right) \tag{2-35}$$

(3)力矩平衡。当转子处于定态流动时，转子恒转速运动。此时，动力矩与阻力矩相互平衡，$M_d = M_f$。化简得到

$$\frac{v_{x2}}{v_z} = \frac{2l_{abs}f_{rot1}}{H_{pit}(r_{rot}^2 - r_{axis}^2)}\left(\frac{\pi r_{axis}^3}{r_m \sin \gamma_{rot\_i}} + \frac{r_m l_{rot}}{\sin^2 \gamma_{rot\_m}}\right) \qquad (2\text{-}36)$$

将式(2-14)、式(2-32)及 $v_x = v_{x2}$ 此三个关系式可得

$$\omega = \frac{2\pi n_{rot}}{60} = v_z \frac{2\pi}{H_{pit}} - \frac{v_{x2}}{v_z r_m} \qquad (2\text{-}37)$$

式中，n_{rot} 为转子在稳定转动时的转速，r/min。

联立式(2-35)及式(2-36)可得转子最终力矩平衡式的各物理量之间的关系式为

$$\frac{n_{rot}H_{pit}}{60v_z} = 1 - \frac{f_{rot1}l_{abs}l_{rot}}{\pi(r_{rot}^2 - r_{axis}^2)}\left(\frac{\pi r_{axis}^3}{r_m^2 l_{rot} \sin \gamma_{rot\_i}} + \frac{1}{\sin^2 \gamma_{rot\_m}}\right) = r_{fea} \qquad (2\text{-}38)$$

式中，r_{fea} 为定义的集热管内插转子的特征准则数，其物理意义表示集热管内转子的比转速，即转子转动时的转速 n_{rot} 与极限转速的 $\dfrac{60v_z}{H_{pit}}$ 比值。

2. 强化传热机理建模及对流换热场协同原理

结合上文转子转动时构建的动力学模型可知，转子按照一定的转速运动过程之中会带动导热油流体产生一定的螺旋流动及二次流等现象，这些结果可改变流道内部导热油温度场、压力场的分布，从而进一步强化导热流体的热力学性能。与此同时，转子的增加相较于原先传统光滑集热管而言，使通道增加了一定的流动阻力，从而增加导热油泵的自耗功。因此，有必要分别从传热机理与场协同的角度，对内插物强化传热的过程开展理论分析与研究。

1) 截面收缩效应

当集热管内插入转子后，管内导热油的流通面积与湿润周边均发生变化。此时，导热油的流通面积减小，湿润周边增大。若依旧采取传统光滑真空集热管的直径作为内插转子的强化管当量直径，显然数值偏大，较不合理。根据流体力学相关理论，可用下式表示内插转子之后集热管的当量直径 D_e：

$$D_e = \frac{4A_{aisle}}{C_{per}} = \frac{4\left[\dfrac{\pi}{4}D_{absi}^2 - \pi r_{axis}^2 - \dfrac{3(B_1 + B_2)}{2}(r_{rot} - r_{axis})\right]}{\pi D_{absi} + 3B_1 + 6l_{rot} + 2\pi r_{axis} - 3B_2} = D_{absi}\frac{1 - i_{fac}}{1 + C_{fac}} = D_{absi}i_1$$

$$(2\text{-}39)$$

式中，C_{per} 为集热管内导热油流体的湿润周边长度，m；A_{aisle} 为集热管内导热流体的流通面积，m^2；i_{fac}、C_{fac} 及 i_1 分别为比例因子，表达式如下：

$$i_{fac} = \frac{4\pi r_{axis}^2 + 6(B_1 + B_2)(r_{rot} - r_{axis})}{\pi D_{absi}^2} \tag{2-40}$$

$$C_{fac} = \frac{3B_1 + 6l_{rot} + 2\pi r_{axis} - 3B_2}{\pi D_{absi}} \tag{2-41}$$

$$i_1 = \frac{1 - i_{fac}}{1 + C_{fac}} < 1 \tag{2-42}$$

对于集热管内流体质量一定的前提下，由于内置转子之后集热管的流通面积减小，所以传统光滑集热管的轴向平均速度 v_{z0} 增大，变为上文中内插转子后强化管管内轴向平均速度 v_z(本节中变量下标带"0"的表示传统光滑集热管；相应地，其余下标带"1"的物理量均表示内插转子的强化换热集热管)，结合质量守恒方程可得到

$$v_z\left[\frac{\pi}{4}D_{absi}^2 - \pi r_{axis}^2 - \frac{3(B_1 + B_2)(r_{rot} - r_{axis})}{2}\right]\rho_{oil} = v_{z0}\frac{\pi}{4}D_{absi}^2\rho_{oil} \tag{2-43}$$

化简，即

$$v_z = v_{z0}\frac{1}{1 - 4i_{fac}} = v_{z0}i_2 \tag{2-44}$$

式中，i_2 为导热流体在光管中轴向平均速度 v_{z0} 与内插转子强化管轴向平均速度 v_z 的比例系数。

在传热学中，努塞尔数 Nu 可表示换热过程之中对流换热的强弱。原光滑集热管内强制对流湍流时的传热关联表达式如下：

$$Nu_0 = 0.023Re_0^{0.8}Pr_0^{0.4} \tag{2-45}$$

将内插转子的强化管集热管相关参数代入式(2-45)，得到

$$Nu_1 = \frac{h_1 D_e}{\lambda_1} = 0.023Re_1^{0.8}Pr_1^{0.4} = 0.023\left(\frac{\rho_{oil}D_e v_z}{\mu_1}\right)^{0.8}Pr_1^{0.4} \tag{2-46}$$

$$\frac{h_1 D_{absi}i_1}{\lambda_1} = 0.023\left(\frac{\rho_{oil}D_{absi}v_{z0}i_2}{\mu_1}\right)^{0.8}Pr_1^{0.4} \tag{2-47}$$

整理上式，可得内置转子集热管努塞尔数 Nu_1 最终关系式如下：

$$Nu_1 = 0.023Re_1^{0.8}Pr_1^{0.4}i_1^{-0.2}i_2^{0.8} \tag{2-48}$$

由式(2-24)可知，内插转子之后，在强化传热的同时集热管内部导热油流动的阻力增大，会产生相应的摩擦应力，从而强化管形成的管程内进出口压降 Δp_{1_1}：

$$\Delta p_{1\_1} = f_{\text{rot1}}\frac{l_{\text{abs}}}{D_{\text{absi}}}\frac{\rho_{\text{oil}}v_z^2}{2} \tag{2-49}$$

式中，阻力系数 f_{rot1} 与式(2-35)中的范宁摩擦系数意义相同，可由下式计算：

$$f_{\text{rot1}} = 0.3164Re_1^{-0.25} \tag{2-50}$$

将式(2-50)代入式(2-49)，最终内置转子集热管的进出口压降 Δp_{1_1} 表达式为

$$\begin{aligned}
\Delta p_{1\_1} &= 0.3164Re_1^{-0.25}\frac{l_{\text{abs}}}{D_{\text{absi}}}\frac{\rho_{\text{oil}}v_z^2}{2} = 0.3164\left(\frac{\rho_{\text{oil}}D_e v_z}{\mu_1}\right)^{-0.25}\frac{l_{\text{abs}}}{D_e}\frac{\rho_{\text{oil}}v_z^2}{2} \\
&= 0.3164\left(\frac{\rho_{\text{oil}}D_{\text{absi}}i_1 v_{z0}i_2}{\mu_1}\right)^{-0.25}\frac{l_{\text{abs}}}{D_{\text{absi}}i_1}\frac{\rho_{\text{oil}}(v_{z0}i_2)^2}{2} \\
&= 0.3164Re_1^{-0.25}\frac{l_{\text{abs}}}{D_{\text{absi}}}\frac{\rho_{\text{oil}}v_{z0}^2}{2}i_1^{-1.25}i_2^{1.75}
\end{aligned} \tag{2-51}$$

2) 螺旋流效应

传统光滑集热管内部导热流体呈常规直线流动，由上文分析可知，插入转子之后形成的强化管内部导热流体流态会发生本质性变化，会形成三维螺旋状旋转运动，同时强化了管壁与中心的流体间热量与质量传递，构成强化传热的螺旋流效应。定义转子在集热管内转动时，引起导热流体螺旋运动产生的虚拟等效静导程 S_{lead} 为

$$S_{\text{lead}} = \frac{2\pi r_{\text{rot}}v_z}{v_e} \tag{2-52}$$

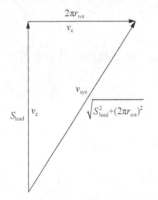

图 2-32　螺旋流动路径增大与速度合成示意图

由于螺旋运动使得流体流动路径增长，如图 2-32 所示。根据运动三角形合成原理，则流体变大后的新流动路径 S'_{lead} 与螺旋运动的合成速度 v_{syn} 分别为

$$S'_{\text{lead}} = \sqrt{S_{\text{lead}}^2 + (2\pi r_{\text{rot}})^2} \tag{2-53}$$

$$v_{\text{syn}} = v_z \frac{\sqrt{S_{\text{lead}}^2 + (2\pi r_{\text{rot}})^2}}{S_{\text{lead}}} = v_z \sqrt{1 + \left(\frac{2\pi r_{\text{rot}}}{S_{\text{lead}}}\right)^2} = v_z i_3 \tag{2-54}$$

式中，i_3 为导热流体在内插转子强化管中螺旋运动的合成速度 v_{syn} 与原先的轴向平均速度 v_z 的比例系数，该值也是强化管内流体的切向牵连速度 v_e。

结合螺旋流效应，内插转子集热管内修正后的努塞尔数 Nu_{1_2} 关联式与进出口压降 Δp_{1_2} 表达式变为

$$Nu_{1\_2} = 0.023 Re_1^{0.8} Pr_1^{0.4} i_1^{-0.2} i_2^{0.8} i_3^{0.8} \tag{2-55}$$

$$\Delta p_{1\_2} = 0.3164 Re_1^{-0.25} \frac{l_{\text{abs}}}{D_{\text{absi}}} \frac{\rho_{\text{oil}} v_{z0}^2}{2} i_1^{-1.25} (i_2 i_3)^{1.75} \tag{2-56}$$

3）二次流效应

研究表明，螺旋转动会导致内插转子的集热管内部导热产生二次流旋涡，如图 2-33 所示。旋涡可将扇形断面分成相等的两部分，使流动路径与合成速度进一步增大，进一步强化了流到内部导热流体的热质交换，同时，旋涡也会增加流动的阻力。根据图 2-34 所示的二次流路径增大原理图，结合相似原理可建立考虑二次流在内修正之后新的螺旋运动合成速度 $v_{2\text{syn}}$ 数学表达式为

$$\begin{aligned} v_{2\text{syn}} &= v_{\text{syn}} \frac{\sqrt{S_{\text{lead}}^2 + (2\pi r_{\text{rot}})^2 + \left[l_{\text{rot}} + \frac{\pi(2r_{\text{rot}} + 2r_{\text{axis}})}{6}\right]^2}}{\sqrt{S_{\text{lead}}^2 + (2\pi r_{\text{rot}})^2}} \\ &= v_z \sqrt{1 + \left(\frac{2\pi r_{\text{rot}}}{S_{\text{lead}}}\right)^2} \frac{\sqrt{S_{\text{lead}}^2 + (2\pi r_{\text{rot}})^2 + \left[l_{\text{rot}} + \frac{\pi(2r_{\text{rot}} + 2r_{\text{axis}})}{6}\right]^2}}{\sqrt{S_{\text{lead}}^2 + (2\pi r_{\text{rot}})^2}} \\ &= v_z \frac{\sqrt{S_{\text{lead}}^2 + (2\pi r_{\text{rot}})^2 + \left[l_{\text{rot}} + \frac{\pi(2r_{\text{rot}} + 2r_{\text{axis}})}{6}\right]^2}}{S_{\text{lead}}} = v_z i_4 \end{aligned} \tag{2-57}$$

式中，i_4 为导热流体在内插转子强化管中考虑二次流效应之后的螺旋运动合成速度 $v_{2\text{syn}}$ 与原先的轴向平均速度 v_z 的比例系数。

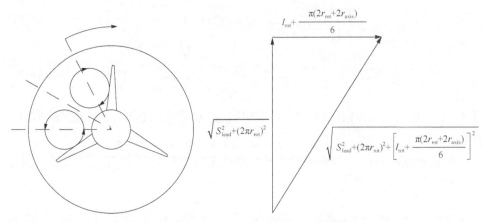

图 2-33　内插转子集热管内二次流示意图　　　　图 2-34　二次流效应路径增大示意图

　　结合二次流效应，在螺旋流效应基础上考虑内插转子集热管内修正后的努塞尔数 Nu_{1_3} 关联式与进出口压降 Δp_{1_3} 表达式变为

$$Nu_{1\_3} = 0.023Re_1^{0.8}Pr_1^{0.4}i_1^{-0.2}(i_2i_3i_4)^{0.8} = 0.023Re_1^{0.8}Pr_1^{0.4}\left[\frac{\pi D_{absi}^2 - 4\pi r_{axis}^2 - 6(B_1+B_2)(r_{rot}-r_{axis})}{\pi D_{absi}(1+3B_1+6L_m+2\pi r_{axis}-3B_2)}\right]^{-0.2}$$

$$\times\left\{\frac{\pi D_{absi}^2}{\pi D_{absi}^2 - 16\pi r_{axis}^2 - 24(B_1+B_2)(r_{rot}-r_{axis})}\sqrt{1+\left(\frac{2\pi r_{rot}}{S_{lead}}\right)^2}\frac{\sqrt{S_{lead}^2+(2\pi r_{rot})^2+\left[l_{rot}+\frac{\pi(2r_{rot}+2r_{axis})}{6}\right]^2}}{S_{lead}}\right\}^{0.8}$$

$$(2\text{-}58)$$

$$\Delta p_{1\_3} = 0.3164Re_1^{-0.25}\frac{l_{rot}}{D_{absi}}\frac{\rho_{oil}v_{z0}^2}{2}i_1^{-1.25}(i_2i_3i_4)^{1.75} \qquad (2\text{-}59)$$

　　因此，当集热管内部插入设计的三叶片螺旋形转子结构之后，可采取式(2-58)与式(2-19)的两式最终模型分别计算，以表征强化管的最终换热性能与阻力特性。同时，内插转子强化管修正之后的阻力系数 f_{rot1} 预测关联表达式如下：

$$f_{rot1} = 0.3164Re_1^{-0.25}i_1^{-1.25}(i_2i_3i_4)^{1.75} = 0.3164Re_1^{-0.25}\left[\frac{\pi D_{absi}^2 - 4\pi r_{axis}^2 - 6(B_1+B_2)(r_{rot}-r_{axis})}{\pi D_{absi}(1+3B_1+6l_{rot}+2\pi r_{axis}-3B_2)}\right]^{-1.25}$$

$$\times\left\{\frac{\pi D_{absi}^2}{\pi D_{absi}^2 - 16\pi r_{axis}^2 - 24(B_1+B_2)(r_{rot}-r_{axis})}\sqrt{1+\left(\frac{2\pi r_{rot}}{S_{lead}}\right)^2}\frac{\sqrt{S_{lead}^2+(2\pi r_{rot})^2+\left[l_{rot}+\frac{\pi(2r_{rot}+2r_{axis})}{6}\right]^2}}{S_{lead}}\right\}^{1.75}$$

$$(2\text{-}60)$$

4) 对流换热场协同原理

结合上文的运动与力学分析可知，流场中导热流体质点的温度梯度、速度梯度及压力梯度等物理量之间具有明显的耦合关系。热能由集热管内壁传递给内部导热油的对流换热过程，其性能的强弱主要取决于流场内不同物理量之间的协同。流体质点各物理量之间的协同关系示意图如图 2-35 所示。

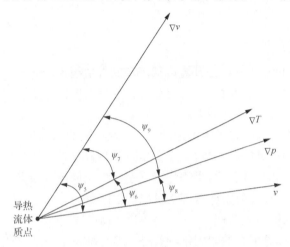

图 2-35　流体质点的速度与各梯度之间的协同关系示意图

基于流体动量与能量方程，建立如下的各物理量之间的协同角数学表达式：

$$\psi_5 = \arccos \frac{v \cdot \nabla v}{|v| \cdot |\nabla v|} \tag{2-61}$$

$$\psi_6 = \arccos \frac{v \cdot \nabla T}{|v| \cdot |\nabla T|} \tag{2-62}$$

$$\psi_7 = \arccos \frac{\nabla T \cdot \nabla v}{|\nabla T| \cdot |\nabla v|} \tag{2-63}$$

$$\psi_8 = \arccos \frac{v \cdot \nabla p}{|v| \cdot |\nabla p|} \tag{2-64}$$

$$\psi_9 = \arccos \frac{\nabla p \cdot \nabla v}{|\nabla p| \cdot |\nabla v|} \tag{2-65}$$

式中，ψ_5、ψ_6、ψ_7、ψ_8、ψ_9 分别表示图中流体质点的速度与速度梯度之间的协同角、速度与温度梯度之间的协同角、温度梯度与速度梯度之间的协同角、速度与压力梯度之间的协同角及压力梯度与速度梯度之间的协同角，(°)。

其中，ψ_6 与 ψ_8 对于管内不同位置冷热流体能量交换的影响程度，较其他几个协同角指标而言作用更明显，即在相同边界条件下，ψ_6 越小，表明速度场和温度场的耦合能力越强，二者协同程度愈高，则对流换热强度的效果就越好；ψ_8 越小，速度和压力梯度之间的协同性则愈强，导热流体的流动阻力也就变得越小。

3. 综合性能评价分析

该系统采用 Fluent 软件来开展内部流场的数值模拟研究，在构造内插螺旋形转子的强化管集热管模型时，结合上述理论方程与内插转子强化管的实际构造，需进行一些必要简化及条件假设。

(1)数值模拟的内插转子螺旋形叶片只在集热管金属管内部转动，主要改变金属管内部导热的流动情况，但对于真空集热管金属管管壁之外(包括玻璃管)等其他区域的基本无影响，所以可省去环形真空区域空间与外玻璃套管，仅研究涵盖导热流体的金属吸收管外壁至内部转子中心轴区域。

(2)为了降低模型复杂程度，在不影响网格质量的前提下，可将转子前、后端部与集热管内壁过盈配合的紧固结构省略，这样减少了网格数量与计算时间。

(3)无论光管还是内置转子强化管，在真空集热管内流动的导热流体均使用不可压缩流体 T55 导热油。流体的物理性质恒定，忽略流体黏度随温度的变化，并且定性参数(如定性温度等)均取进、出口截面参数平均值。

(4)真空管内导热油的流动设定为稳定流动，螺旋形转子的表面为绝热假设；外管壁面受热之后各区域温度维持恒定，定为恒壁温条件；管壁壁面无滑移。

(5)重力加速度在本次模拟过程中可忽略不计。

仿真计算结果仅列出进口流速为 2.5 m/s 时的情况，如图 2-36～图 2-39 所示。

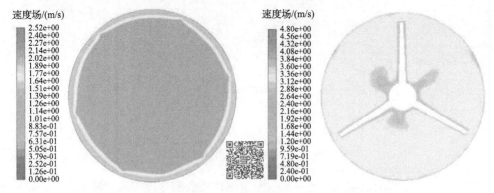

图 2-36　光管与转子管出口截面速度场分布图(彩图扫二维码)

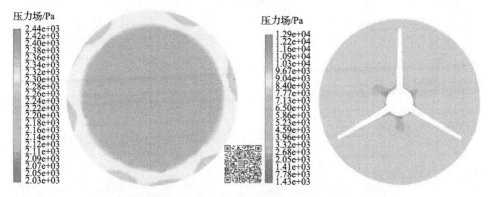

图 2-37　光管与转子管出口截面压力场分布图(彩图扫二维码)

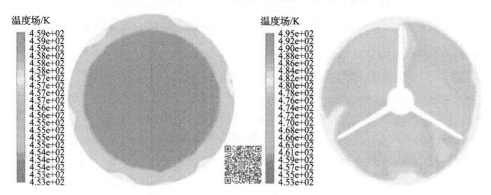

图 2-38　光管与转子管出口截面温度场分布图(彩图扫二维码)

以 $v_{z\text{-inlet}}$=2.5m/s 工况为例，如图 2-39 所示，沿 z 轴流动方向以进口截面为起始点、0.5m 为间隔研究了转子管不同截面处温度场分布情况。沿着流动方向，导热油温度不断地升高。其中，越接近转子管出口截面，管内流体温度分布越趋于均匀。

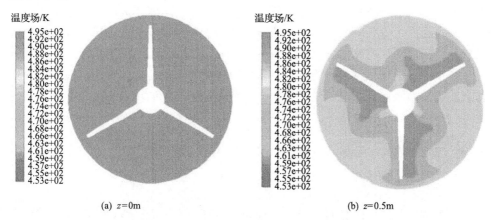

(a) z=0m　　　　　　　　　　　　　　　　(b) z=0.5m

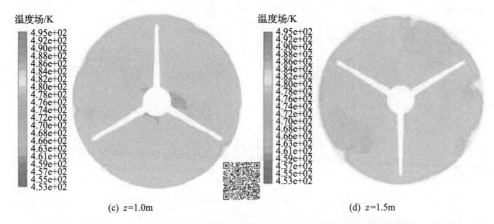

(c) $z=1.0\text{m}$　　　　　　　　　　　　　　　　(d) $z=1.5\text{m}$

图 2-39　管 $v_{z\text{-inlet}}=2.5\text{m/s}$ 时沿 z 轴流动方向不同截面温度场变化图（彩图扫二维码）

　　集热管增加转子结构之后，内部的换热性能与阻力性能均较原先的光管发生了变化。转子管较光管可强化传热性能，但同时增加了流体的流动阻力。因此，单一地评价内插转子的强化管显得不够科学、严谨，有必要建立起新的综合性能评价模型，以衡量增加转子结构前后集热管内部换热的最终效果。

　　对于上面两种工况，均可采取通用的综合性能最终评价指标 PEC 参数以衡量集热管改造前后的综合换热特性，也是本节研究的最终目标函数，其数学表达方程式如下：

$$\text{PEC} = \dfrac{\dfrac{Nu_1}{Nu_0}}{\left(\dfrac{f_{\text{rot1}}}{f_0}\right)^{\frac{1}{3}}} \tag{2-66}$$

　　根据 Fluent 计算结果，分别计算出光管和转子管二者不同的努塞尔数和阻力系数值，代入式(2-66)便可得到如图 2-40 所示的传热性能综合评价指标值的变化曲线。结果表明，随着 $v_{z\text{-inlet}}$ 的不断提高，PEC 值不断增加，由初始值 1.63 升至终值 2.69。这表明虽然转子管的流动阻力有所增大，但是转子管的传热性能改变比其阻力的增幅更大、增长也更为明显，使新型集热管的场内协同性整体更佳，比光管的综合性能更加优良。

2.5.4　光场性能实验及结果分析

1. 实验设备

气象测试系统如图 2-41 所示，在实验室屋顶西南侧无光线遮挡处安装有北京

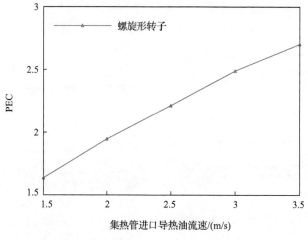

图 2-40　不同工况下 PEC 变化曲线

图 2-41　太阳辐射监测仪

旗云创科科技有限责任公司提供的第一等级太阳辐射监测仪，该设备可输出太阳总辐射、直射辐射、散射辐射、环境温度等气象数据。太阳追踪系统为 GPS 定位，双轴全自动跟踪精度＜0.01°，响应时间＜1s，非线性误差＜0.5%，测量范围为 1～4000W/m^2，耗电功率 20W，操作温度–40～80℃，在线数据输出时间更新为秒级。

(1)槽式集热器：图 2-42 给出了浙江海光能源公司提供的不同集热器的现场实物图。图 2-42(a)为 1 号与 2 号两个传统轻型槽集热器单元；图 2-42(b)为 3 号与 4 号两个按照第三章理论研究定制的新型槽式集热器单元，由于上方安装有菲涅尔透镜，所以下方反射镜面沿抛物线方向向外拉伸有一定距离，使其开口宽度变为 3.60m，单元长度仍为 8m，其余参数基本不变。每个集热单元共计由 4 根长度为 2m 的集热管组成。

(a) 传统槽式聚光集热器　　　　　　(b) 带有菲涅尔透镜的新型槽式聚光集热器

图 2-42　槽式聚光集热器

(2)真空集热管：图 2-43 为陕西宝光真空电器公司提供的太阳能真空集热管实物。

图 2-43　真空集热管

(3)螺旋形三叶片转子：用于内插于 2 号与 4 号单元集热管(共计 8 组)内部的螺旋形转子结构。将图 2-44(b)中轴承与图 2-44(a)所示的端部紧固件紧配合之后，再将转子整体内置于真空集热管内部，形成图 2-44(c)的实物图。材质为铝合金，可满足本系统中转子质量轻盈、耐高温的要求。

(a) 端部紧固件

(b) 端部轴承

(c) 转子内插物成品

图 2-44　螺旋形三叶片转子

2. 实验基本理论

在忽略管道热损失等次要因素基础上，主要开展了槽式聚光集热装置系统效率 η_{col} 与真空集热管热损失系数 K_{labs} 性能实验，主要依据的实验理论如下。

（1）在槽式热性能光场热效率 η_{col} 测试方面，主要有稳态和动态两种方法。稳态测试方法所测参数虽然较少，但是对于测试过程中各项要求较为严格，需要将太阳能直射辐照 DNI、进油温度 T_{in}、环境温度 T_0、导热油的质量流量 m'_{oil}、管道压力 p_{pipe} 等各项参数稳定在较小波动范围之内，变化较窄。由于本实验台处于露天环境，容易受到外界气象因素的影响，很难维持稳定而到达稳态要求，增加实验测试的周期，延长了设备用电等各项成本。为了克服稳态测试的一些弊端，本测试采取动态方法，允许一些参数在允许范围内出现一定的波动。

考虑导热油热响应时间，即导热油在集热管进口被加热后，传输至出口部位会存在一定时间延时，需要一定的流经时间。因此，进出口温度修正后对应的函数关系式如下：

$$T_{out}(t_{in} + t_p) = \text{Function}[T_{in}(t_{in})] \tag{2-67}$$

式中，t_{in} 为导热油在集热器进口温度 T_{in} 测量时刻的对应时间，s；t_p 为导热油从集热器进口到出口的流经时间，s。

t_p 取决于槽式集热器长度 l_c 和测试期间管内导热油平均流速 v_{oil}，即

$$t_p = \frac{l_c}{v_{oil}} \tag{2-68}$$

槽式集热装置瞬时效率为

$$\eta_{col} = \frac{\int Q'_{eff-abs} dt}{A_r \int I_r dt} \tag{2-69}$$

(2) 真空集热管热损失系数 K_{labs} 性能实验需采取背对太阳法。选择天气晴朗、无风的气象日，将槽式集热器调整至背光面。利用电加热器将温度较高的热油通过油泵打入集热管内，与外界构成自然循环加以冷却。由于存在工作温差与集热管损失，此时集热管内导热油进口温度将高于出口温度。待系统稳定后，与集热管长度 l_{abs} 对应的单位长度热损失即为 K_{labs} (W/m)，公式如下：

$$K_{labs} = \frac{c_{p\text{-}oil} m'_{oil} (T_{in} - T_{out})}{4 l_{abs}} \tag{2-70}$$

式中，$c_{p\text{-}oil}$ 为导热油比定压热容；m'_{oil} 为导热油质量流量。

3. 气象实测数据分析

结合现有太阳辐射监测仪收集的大量气象及相应时段光热实验台正常运行历史数据，选取某年春季 3 月 4 日、5 日及 10 日 3 天典型日作为探讨，图 2-45 为每日太阳直射辐照及环境温度分布情况。由图可知，室外平均气温的极值均出现在 4 日，最低气温为上午 7:04 的 2.038℃，最高气温为下午 14:13 的 21.07℃，且此三天日平均气温分别为 11.96℃、13.05℃及 8.49℃。此外，4 日、5 日、10 日 DNI 最大值依次出现在上午 11:39 的 711.7W/m² 、11:18 的 878W/m² 与 8:58 的 329W/m²。当 DNI＞120W/m² 时为系统有效可利用值，则各利用时长分别为 8.51h、9.72h、4.97h。分析可知，4 日与 5 日晴朗无云，适合集热实验的分析，因此采取 4 日下午、5 日上午与下午不同时段开展聚光器热性能实验；10 日天气状况较差，阴天伴有多云，尤其下午 16:14 之后该地区 DNI 基本为 0，且无外界强风干扰。此时集热性能较差，可结合使用电加热器设备，将装有光滑真空集热管的 1 模块和转子管真空集热管的 2 模块两个单元调节至背光处，开展真空集热管在自然冷却条件下的热损失性能对比实验研究。

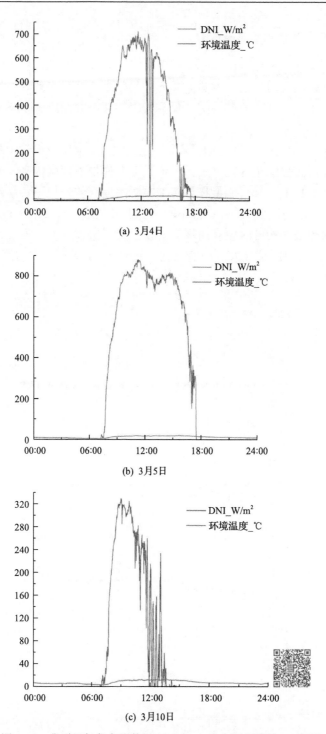

(a) 3月4日

(b) 3月5日

(c) 3月10日

图 2-45　典型日气象实测数据 DNI 与 T_0 分布图(彩图扫二维码)

4. 不同聚光器单元集热性能对比

选取 3 月 4 日(15:12～16:30)和 3 月 5 日(10:10～11:10，14:30～17:00)综合气象条件较佳时间段内、四个集热器单元模块同时启停时光场各模块热性能的实验数据进行分析，分别从流量分配、集热效率等四个方面进行了不同工况下的对比。经整理，得到如下结果。

(1)如图 2-46 所示，分别为两日不同时段时 1～4 模块及母管中的流量分配曲线。经验证，母管分配至各支路的体积流量在允许误差范围内基本满足质量守恒定律。其中，4 日下午母管流量在导热油泵频率增高的情况下，呈现出不断上升的变化趋势，并由初始值 13.74m³/h 不断平稳上升至最终值 22.30m³/h。相应地，4个支路的流量也会在相应时段有所提升。从全时段整体来看，各支路流量波动性较小，3 模块的管内流量最大，均值达到 5.75m³/h；1 模块分得的流量相对较少，平均值为 3.50m³/h。

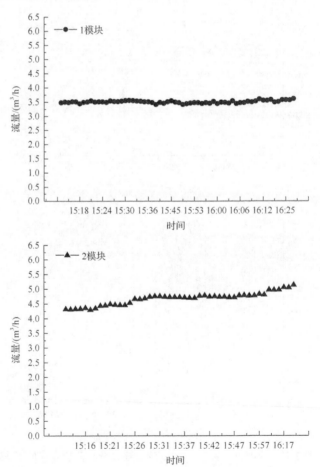

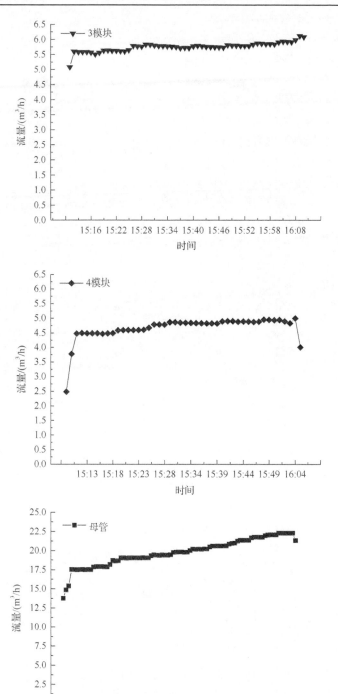

(a) 3月4日

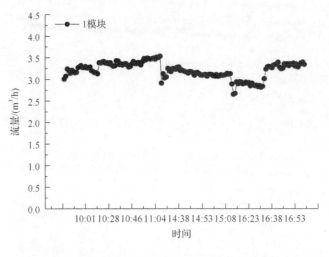

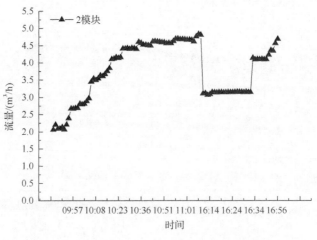

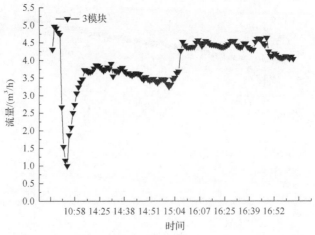

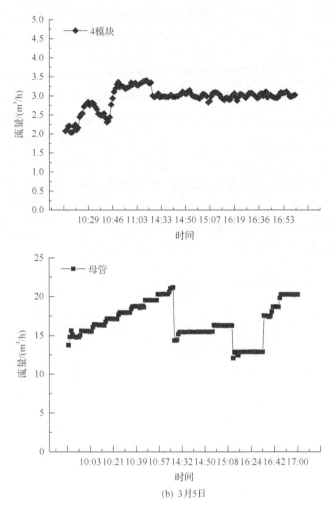

(b) 3月5日

图 2-46　不同集热器单元流量分配曲线

　　就 3 月 5 日而言，由于实验分为上午与下午两个时间阶段开展。在 10:10～11:10 运行的 1h 内，流量随着到油泵转速的提高而不断上升；11:10～14:30 该段时间内，实验系统关闭、停止操作，所以图中各管道导热油流量均明显发生阶跃性降低的一个变化。以母管为例，由 21.05m³/h 下降至 15.40m³/h。随后的 40min内，又逐渐上升至 16.24m³/h；此后，为测试变流量对于光场集热系统稳定性的影响，于 15:11 与 16:33 两时刻分别进行了一次油泵减速与加速的变化，使得母管流量中再次出现两个阶跃变化节点。16:33 至终点时刻 17:00，为流量随油泵转速提高而逐步增加的过程。该日平均流量结果中，4 模块均值相对其他三组集热单元较小，导热油平均流量为 2.92m³/h。

　　需要说明的是，图 2-46 中横坐标时间间隔在坐标上不相等，是因为试验采集数据集中剔除了一些由传感器不稳定造成测量值跳动的异常数据点后，剩余的数据集取相等的数据点数间隔作为横坐标数值，因而表现为时间间隔的不均匀。横坐标标点和数值并不是一一对应的，数据值间隔为 2s，坐标点只是每间隔 180 个数据值取其对应的时间作为横坐标标点，用于横坐标的时间参考。图 2-47～图 2-52 亦是相同情况。

(2) 如图 2-47 所示，展示了两天不同时刻各集热器单元的导热油进出口温差变化情况。对比可知，带有转子管集热管的 2 模块与 4 模块均较传统 1 模块的温差要大，这是该模块集热器中真空管存在内插螺旋三叶片转子结构，使内部导热油流动增快，改变了集热管的内部流场，使温度场和速度场的协同性进一步增强，加剧内部湍流效果。另外，3 模块较 1 模块而言，由于集热器菲涅尔透镜的存在，使得集热管周向方向热流密度的分布更加均匀，因此，除去二者共有的波动时段，3 模块曲线整体上较 1 模块的传统轻型槽变化更加平滑。

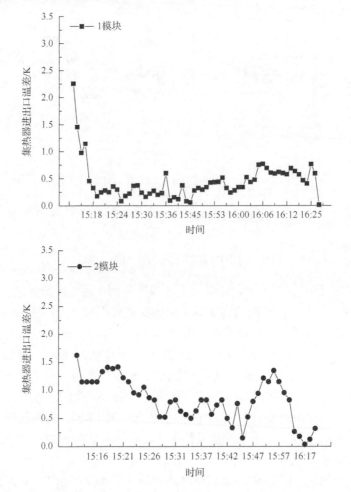

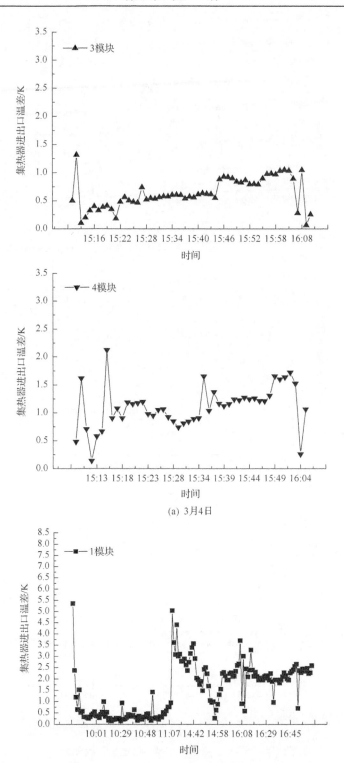

(a) 3月4日

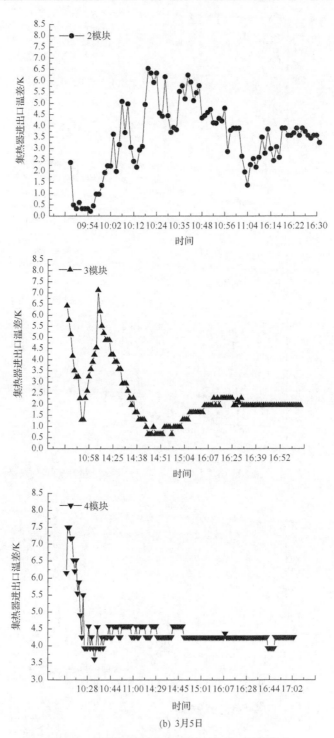

(b) 3月5日

图 2-47　不同集热器单元导热油进出口温差分布

以 3 月 5 日 16:32～17:00 时段为例，随着太阳 DNI 值不断减小，两模块均开口朝向偏西，而顶部透镜的捕光优势进一步彰显，使得 3 模块的集热器进出口温差稳定在 1.95K 水平，而 1 模块的集热器进出口温差则在 0.70K 至 2.65K 上下范围内不断波动变化，频繁的温度变化会带来热应力的分布不均，这对于集热管的使用寿命也会产生一定影响。

(3) 如图 2-48 所示，为 2 天不同时段各集热器单元获得的太阳投入辐射总能与集热量的分布曲线。就每天而言，由于是同时运行该集热系统，所以 1 与 2 模块获得太阳投入辐射总能相同，3 与 4 模块的相同且比前者要大。这是因为，同一时段内各集热单元同步跟踪转动，在 DNI 值不变及忽略余弦损失等因素的前提下，太阳能投入到槽式集热器上的总辐射能与开口面积呈正相关变化。由于 1、2 模块为小槽(小开口宽度 2.55m)，而 3、4 模块为大槽(大开口宽度 3.6m)，所以单元获得总辐射能基本为前 2 个模块的 1.41 倍。3 与 4 模块的最大投入辐射总能分别于 3 月 4 日 15:12 和 3 月 5 日 11:00 出现，分别为 12.12kW 与 24.80kW。

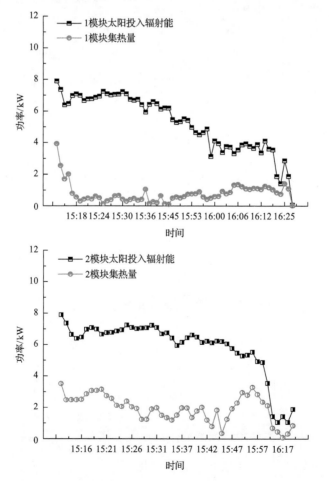

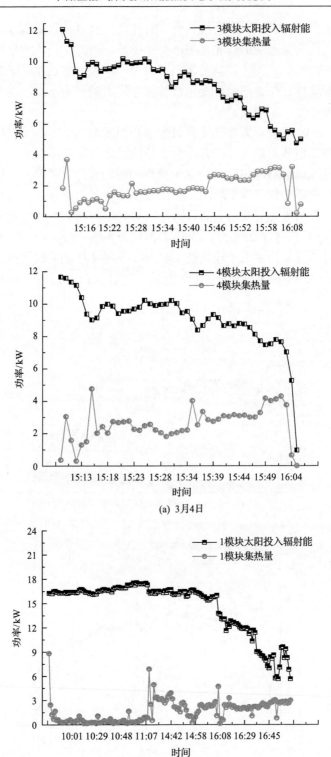

(a) 3月4日

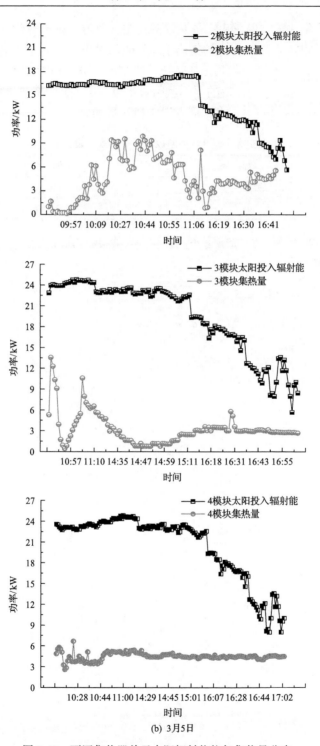

(b) 3月5日

图 2-48 不同集热器单元太阳辐射热能与集热量分布

在各模块集热量方面，由于导热油的比定压热容、密度等物性参数随温度变化较为缓慢，集热器单元的有效集热量和导热油进出口温差基本呈单调递增的变化关系，图 2-47 中各模块集热量的变化曲线和图 2-48 给出的变化趋势保持一致。表 2-1 给出了此两日不同模块的平均集热量结果。以日平均集热量作为评价指标，4 模块集热能力最强，3 与 2 模块次之，1 模块最弱。

表 2-1　不同模块日平均集热量　　　　　　（单位：kW）

时间	1 模块	2 模块	3 模块	4 模块
3 月 4 日	0.79	1.47	1.69	1.91
3 月 5 日	1.65	3.02	3.22	4.49

(4) 如图 2-49 所示，给出了不同模块集热器单元每日运行时段的各光热转换瞬时效率分布曲线。

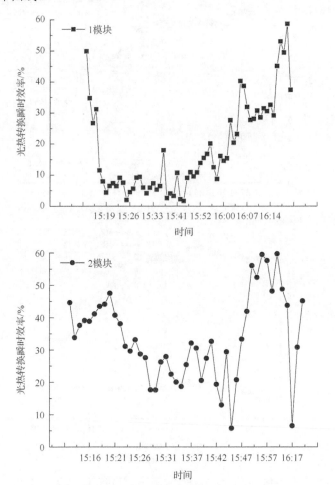

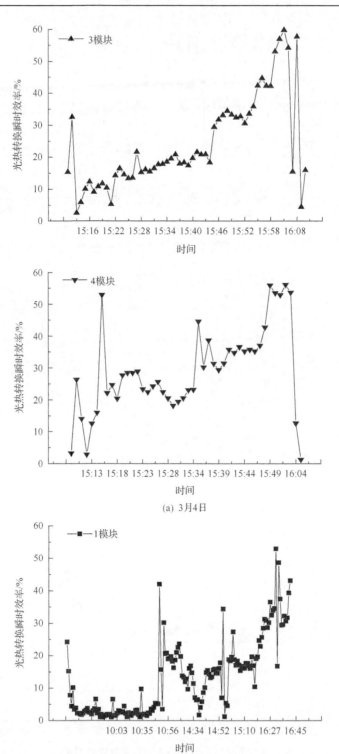

(a) 3月4日

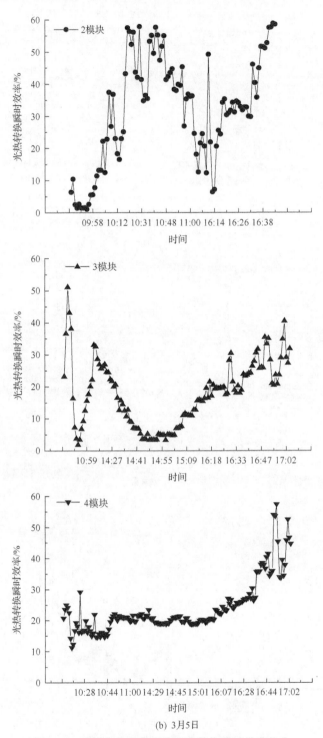

(b) 3月5日

图 2-49　不同集热器单元聚光热转换瞬时效率分布

分析可知，3 月 4 日 15:45 之后的各模块瞬时效率运行值要比之前相对较高，同样 3 月 5 日也是下午时段的运行结果更好。这是因为，早上聚光器未能完全跟踪太阳，反映出一定的微小迟滞。随着时间的向前推移，聚光器不断调节跟踪程序而逐步提高跟踪精度，提高了运行性能。另外，集热器对于云遮挡效应较为敏感，天气因素是全天内各模块光热效率上下波动的主要因素。

表 2-2 为不同模块单元两天内运行的峰值与平均值最终结果。峰值效率基本都维持接近 60% 水平，这与表 2-1 给出的理论峰值效率＞75% 有所偏低，但变化趋势基本一致。究其原因，一方面本实验选取时间有限，需要更好的气象数据加以支撑；另一方面，地理位置等客观环境受限，实验室楼顶周围有一定建筑物及树木的遮蔽，增加了一部分聚光损失。在平均日效率方面，3 月 4 日与 3 月 5 日均得到一致的结果，各单元平均效率由高至低依次排序为：2 模块＞4 模块＞3 模块＞1 模块。这也再次从实验层面证明，内插螺旋形三叶片转子的新型太阳能真空集热管与带有菲涅尔透镜的新型聚光器，都比传统轻型槽式聚光集热器的集热与换热性能有一定程度的提升作用。

表 2-2 不同模块聚光集热峰值与平均效率结果 （单位：%）

名称	日期	符号	1 模块	2 模块	3 模块	4 模块
峰值效率	3 月 4 日	$\eta_{col-max}$	58.67	59.67	59.79	56.12
	3 月 5 日		52.94	58.81	51.10	57.37
平均效率	3 月 4 日	η_{col}	18.53	33.81	24.09	29.02
	3 月 5 日		13.09	31.99	17.68	23.83

5. 损失性能实验研究

本实验台中，1 模块与 3 模块使用的是传统光滑的真空集热管，2 模块与 4 模块为内插螺旋形转子结构的新型真空集热管。因此，在开展真空集热管热损失性能实验时，只需探讨 1、2 模块(光管与转子管两类对比)即可。

实验于 3 月 10 日 16:10～18:23 时间段内开展，具体操作为：先将 3 与 4 模块支路的进出口阀门关闭，启动电加热装置以加热储油罐内的冷油至一定温度。然后，启动母管上的电动阀，开启导热油泵使母管的导热油分别流经 1、2 模块，自然冷却后返回至储热罐以构成闭合回路。最终，将采集所得的实验数据进行处理之后，可得到以下结果：

(1)如图 2-50 所示，给出了本实验系统中各管路的体积流量分配曲线。本实验中 16:10 的初始转速为 3000r/min，对应母管流量为 13.41m³/h。为研究系统动态变化特性，此后调节导热油泵转速每 15min 降低 300r/min，最终使母管流量稳定在 5.14m³/h。由图可知，母管以及 1、2 模块各管路流量都呈现出有规律性的阶梯形下降态势，且全过程各自平均流量依次为 7.86m³/h、4.39m³/h、3.47m³/h，满足质量守恒定律。

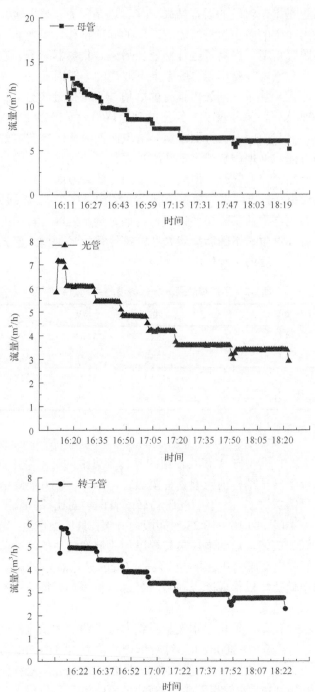

图 2-50　光管与转子管真空集热管的流量分配曲线

(2)图 2-51 为母管、1 模块光管及 2 模块转子管各管路在自然冷却过程中集热器的进出口温差变化情况。随着时间的向前推移，导热油进出口温差不断减小，而且降低的幅度也越来越小。此指标中，光管从初始值 17.08K 降低至终值 2.06K，转子管从 46.46K 降至 12.31K，转子管的变化范围更广。全过程的平均温差值方面，转子管为 17.42K，比光管的平均值高出 14.99K。由此可见，较光管集热管而言，转子的存在使得高温导热油在冷却放热过程之中，能加快内部热量通过集热管的壁面而向外界环境的传递。这与聚光器的正向集热过程相类似，转子管比光管可强化传热的结论再次得到印证。

(3)将以上图中所得数据处理之后，便可得到如图 2-52 所示的两类不同集热管的各自热损失系数 K_{labs} 的最终变化曲线。在冷却热损实验中，光管与转子管的热损失系数均随着时间的推移而不断减小，但光管的降低曲率明显比转子管的平缓。这表明，光管的散热能力要比转子管弱。就全过程平均热损失系数而言，光管 $K_{labs0}=492.61\text{W/m}$，而转子管的 $K_{labs1}=2810.85\text{W/m}$，约为其 5.70 倍。

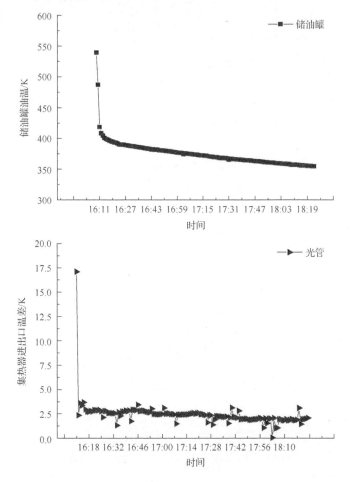

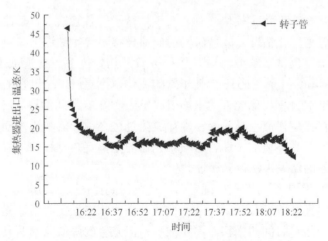

图 2-51　光管与转子管真空集热管的集热器进出口温差分布

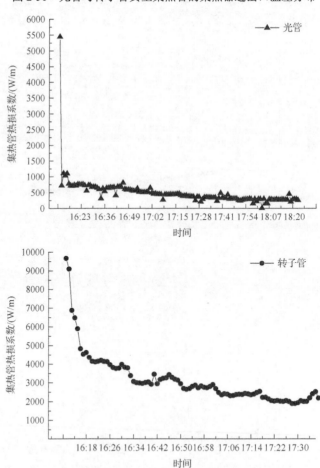

图 2-52　光管与转子管真空集热管的热损系数分布

结合之前的理论研究，我们搭建了 4 组不同槽式集热器模块并联的聚光场集热系统实验回路，并开展了聚光器热性能和真空集热管的热损失性能实验。结合气象数据，综合分析可得到如下结论：

(1) 4 个模块单元的聚光集热性能在同时运行时具有明显差异。其中，峰值瞬时效率方面，4 个模块峰值基本均维持接近 60% 的水平；平均日聚光集热效率方面，各模块集热性能表现出明显差异。带有转子管的 2 模块效率值最高，具有转子与菲涅尔透镜组合的 4 模块单元与仅有菲涅尔透镜改进的 3 模块次之，未经任何变化的传统轻型槽 1 模块效率最小。

(2) 光管与转子管的两类真空集热管热损失性能差异较大。在冷却性能实验中，螺旋形转子可加快热能向外界环境的散失，强化热传递的能力，转子管 K_{labs1} 值明显高于光管的 K_{labs0} 值，约为其 5.7 倍。

第3章 太阳能热储存技术

3.1 热储存的意义

3.1.1 储热的作用与类型

热储存、储热或蓄热是指将能量转化为在自然条件下比较稳定的热能存在形态的过程。储热技术主要应用于 3 方面：①在能源的生产与消费之间提供时间延迟和有效应用保障；②提供热惰性和热保护；③保障能源供应安全。

太阳能热储存是指将阳光充沛时间的热能储存到缺少或者没有阳光的时间备用。它有三层含义：一是将白天接收到的太阳能储存到晚间使用；二是将晴天接收到的太阳能储存到阴雨天气使用；三是将夏天接收到的太阳能储存到冬天使用。

1）太阳能热动力发电系统的能量平衡

太阳能热发电站的系统能量平衡方程为

$$E_G = \eta_e(Q_u \pm \eta_v Q_v) \tag{3-1}$$

式中，E_G 为太阳能热发电站发电量，MJ；Q_u 为太阳能集热系统的有用能量收益，MJ；Q_v 为太阳能储热系统可提供的储热容量，表示储热槽储热时取 "−" 号，储热槽取热时取 "+" 号，MJ；η_e 为热动力发电机组的发电效率；η_v 为储热、取热效率。

故太阳能热发电站的能量平衡原理是利用太阳能技术适时补充太阳辐射能量的随机变化额差，使其成为系统的等效稳定一次输入能源，从而能够始终保持热动力发电机组的稳定运行。

分析式（3-1），通常有以下 3 种情况。

（1）$\eta_e Q_u > E_G$：表示集热系统收集的太阳辐射能大于热动力系统发电所需要的能量，多余的太阳能储入储热槽。

（2）$\eta_e Q_u = E_G$：表示集热系统收集的太阳能正好满足系统发电所需要的能量。这时辅助能源系统和储热系统均停止工作。

（3）$\eta_e Q_u < E_G$：表示一切太阳能热动力发电系统的正常运行工况。在太阳能热动力发电站中，作为系统一次输入能源的太阳能经常处于不足的状态。

按太阳能热储存时间的长短，还可以分为短期储存、中期储存和长期储存。

热储存是太阳能热发电专有技术之一，当太阳能受到地理、昼夜和季节变化影响以及阴晴、云雨等随机因素制约时，热储存技术保证了太阳能热发电工程能在一段时间内稳定工作。太阳能热储存技术按利用工作介质的状态变化过程所具有的反应热进行能量储存，图 3-1 给出光热发电站的工艺流程。

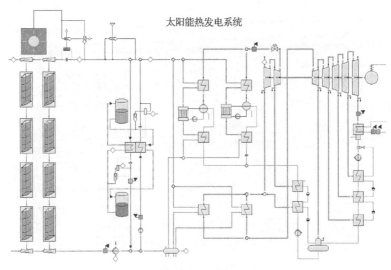

图 3-1　太阳能热发电系统

2）储热系统的作用

储热系统作为太阳能热发电站的组成部分，对电站连续、稳定发电发挥着重要作用。一方面，太阳能电站在进行热发电时，可能会突然受到云层的影响，集热器收到太阳辐射量不足，出口温度和输出功率迅速降低，而发电厂的热功转换装置不能适应这种输入功率不可控制的变化，电站不能正常发电。另一方面，一天之中中午日照强，早晚日照弱，在夜晚则不能用太阳能发电，而储热系统可以把白天太阳辐射的能量以热能的形式储存起来，到了晚上释放出来进行发电，这样可以起到削峰填谷的作用。

储热系统是太阳能热发电站中必不可少的组成部分，因为在早晚和白天云遮间歇的时间内，电站都必须依靠储存的太阳能来维持正常运行。通过储热系统，太阳能热发电成为最重要的可不间断供电的可再生能源。至于夜间或者阴雨天，现在仍可以考虑采用常规燃料作辅助能源，都则由于储热容量过大而明显地加大电站的初次投资。设置过大的储热系统，在目前技术条件下经济上并不合理。从这点出发，太阳能热发电比较适合于作为电力系统的调峰电站。

一般来说，腐蚀性随温度的升高而急剧增强。因此，在低温情况下，腐蚀性影响并不明显；在中温情况下，腐蚀现象不仅限制储热容器的使用寿命，还需要采取对应的防腐措施，从而使成本大大提高；而在高温和极高温的情况下，就必须采取有效防腐措施，使得投资成本成倍增加。研究显示，一座带有储热系统的太阳能热发电站，年利用率可以从无储热的 25%提高到 65%。因此，储热技术是太阳能热发电与其他可再生能源竞争取胜的关键因素。利用长时间储热系统，太阳能热发电可以满足未来基础负荷电力市场的需求，图 3-2 给出储热罐的实际工程落成图。

图 3-2　储热罐

3）储能的种类与特点

由于增加了储热，才使可再生能源的发电真正成为适应于大规模上网的电力。目前储能技术的重要指标是储存功率、储存能量密度、能量转化时间、能量转化效率等，其他还包括运行寿命、储存设备的投资和运行费用。

新型的太阳能热发电储热蓄能具有和抽水蓄能相似的特点，可以大规模储热，因而具有大容量的特点。储热过程实际上是在发电过程中进行的，即多余的热量进行储存，当需要提高发电负荷时直接从储热罐中取出热量，因此负荷调节过程是连续的，不存在断点的情况，因此更适于参与电网负荷调节，即热负荷的储存和释放是在太阳辐射量和输出电功率不匹配时自动完成的。另外，热量的利用形式不变，只是缓用热量，因此其损失只是换热过程和储热过程中的损失，根据现有的技术，其损失可以控制在 6%的范围内，和 75%效率的抽水蓄能相比，转换效率是很高的。

4）储热与热交换子系统

储热装置通常由真空绝热或以绝热材料包覆的储热器构成。太阳能热发电系统的储热与热交换系统可分为下面 4 种类型。

（1）低温储热。指 200℃以下的储热，它是以平板式集热器收集太阳热和以低沸点工质作为动力工质的小型低温太阳能热发电系统，一般用水储热，也可用水化盐等。

（2）中温储热。指 200～500℃的储热，但通常指的是 300℃左右的储热。这种储热装置常用于小功率太阳能热发电系统。适宜中温储热的材料有高压热水、有机流体和载热流体。

(3)高温储热。指 500℃以上的储热，其储热材料主要有钠和融盐等。

(4)极高温储热。指 1000℃左右的储热，常用铝或氧化锆耐火球等作储热材料。

太阳能热发电优于光伏发电的一大特点就是能采用经济的储热技术，而电池相对昂贵。太阳能热发电系统中采用储能技术的目的是降低发电成本，提高发电的有效性，它可以实现：①容量缓冲；②可调度性和时间平移；③提高年利用率；④电力输出更加平稳；⑤高效满负荷运行等。

3.1.2　储热与太阳能热发电的设计

储热是各类太阳能热发电站在设计时的重要因素，其中储热量与电厂年发电量、聚光场的规模，即电站的总投资直接相关。

储热量主要是根据网上售电价格在时间上的分布以及电网对调峰的要求确定的。储热时间应该仅仅取决于没有太阳时段的满发时数和电力价格的经济性，涉及巨大的投资，因此必须慎重计算。

(1)根据上网电力价格和太阳落山的时间差初步确定储热时间。

(2)计算不同储热时间对发电成本的影响。

(3)储热器的充热和放热功率应该等于集热场的输出功率和热功转换装置的输入功率。在设计点时，集热场输出的功率等于热功转换装置的额定输入热功率加上瞬时储热功率。但储热器的输入功率仍然按照最大充热功率设计，放热功率按照热功转换装置最大负荷要求设计。

储热容量一般取决于夜间调峰供电容量(发电功率和发电时数的乘积)。在确定了热功转换装置对应的聚光场面积后，再计算储热器对应的聚光场面积。计算储热量与计算发电量不同，一般以天为单位。对于带有储热的系统，聚光场的面积等于热功转换装置对应的聚光场面积加上储热需要对应的聚光场面积，图 3-3 给出中广核德令哈光热发电的岛瞰图。

图 3-3　中广核德令哈 50MW 槽式光热电站

3.2　储热材料分类

1) 储热材料的性能要求

储热装置中最重要的就是储热材料，储热材料的性能在很大程度上影响储热装置的性能，因此储热材料的性能显得尤为重要。储热材料储热一般要满足以下几点要求。

(1) 储热密度大。显热储热材料要求材料的比热容大，潜热储热材料要求相变潜热大，化学反应储热材料要求反应的热效应大。

(2) 热导率高。无论是液态还是固态的材料，都要求有较高的热导率，以便热量存入和取出。

(3) 性能稳定。可以反复使用而不发生熔析和副反应，储热和放热过程简单。

(4) 安全。材料要无毒、无腐蚀、不易燃、不易爆。

(5) 低成本。成本低廉、制备方便、便宜易得，如显热储热中的水和岩石。

(6) 体积变化率小。在冷、热状态下或固、液状态下，材料体积变化小。

(7) 温度适当。有合适的使用温度。

2) 储热材料的分类

根据使用温度不同，储热材料可以分为中、高温储热材料和低温储热材料。中、高温储热材料的使用温度一般高于 200℃，主要包括单纯盐、混合盐和金属等，常用于大规模的储热，例如太阳能热发电系统的能量储存。低温储热材料的使用温度范围低于 200℃，主要包括有机物、水合盐、水、水蒸气、砂石、岩石等。低温储热材料主要用于民用取暖和建筑节能。

根据储热过程不同，储热材料分为显热储热材料、相变储热材料、化学反应储热材料和复合储热材料 4 大类，具体分类如下。

(1) 显热式：陶瓷蜂窝体、储热球、沙石、水、土壤、硝酸盐、耐火砖、铸钢铸铁等。其中固-固相变材料有多元醇、层状钙钛矿、硫氢化氨、高分子类等；固-液相变材料有水合盐、无机盐、金属及合金、石蜡、氢氧化物混合盐等。

(2) 相变式：包括①固-气相变材料，如干冰；②液-气相变材料，如水蒸气。

(3) 化学反应式：无机盐-H_2O＞无机氢化物、氨气、碳酸化合物、金属氢化物等；纤维织物如石蜡/纤维织物、有机/海泡石等。

(4) 复合式：包括①有机/无机类，如硬脂酸/高密度聚乙烯、石蜡/混凝土、PSPPC、PCM 微粒等；②无机/无机类，如无机盐/陶瓷基、水合盐/混凝土、硝酸盐/膨胀石墨等。

3.3　显热储热材料

显热储热是指在不发生化学变化的前提下，储存通过加热使储热材料温度升高所需的热量。显热是一个过程量，因为任何物质在吸入(放出)一定热量时都伴随温度的升高(下降)，吸入或放出的热量多少可由材料温度变化反应。显热的量取决于物质种类：在太阳能热发电系统中，为了适应大规模显热储热的要求，高温载体应当满足以下条件：

(1)热力学条件。熔点低(不易凝固)、沸点高(性能稳定)、导热性能好(储热放热速率快)、比热容大(减小质量)及黏度低(易于运输、热传递损失小)。

(2)化学条件。热稳定性好、相容性好、腐蚀性小、无毒、不易燃、不易爆。

(3)经济性。价格便宜、容易获得。

3.3.1　显热储热材料性能要求

在选择储热材料的过程中，储热材料的熔点、密度、比热容、导热性、导热性与流动性是衡量储热材料的综合储热性能的关键。

1)熔点

为了便于传输，一般要求储热材料维持在液态。材料熔点会影响储热时的最低保持温度，如果熔点较高，材料与环境温差将较大，导致散热增加，为了保持其为液态，会增加保温所需的费用。

2)密度

材料的密度越大，则在相同质量的情况下其体积越小，从而可以减小装储热材料容器的体积，减少投资。

3)比热容

材料储热能力越强，在相同质量下储存的热量就越多，或者是储存相同的热量时所需的储热材料的量就相对较小，这样不仅减少储热材料的费用，而且还减少了用来装储热材料容器的体积及相关其他费用，从而在整体上很大程度地减少了投资成本。

4)导热性

材料在储热时，受热面和远离受热面的温度往往不同，即存在温度梯度，不利于热量的传输，影响热量传输的效率，增加储热所需时间，影响储热的效率。

5)流动性

材料在储存热量和释放热量的过程中一般是不可能一直处在一个容器中的，

现在普遍使用的是具有冷罐和热罐的双罐式储热材料储存装置。储热材料会随着储存热量和释放热量的过程变化，从一个罐被泵抽到另一个罐，而这时流动性的强弱就会影响泵，不仅影响其效率、功耗，甚至是影响泵的寿命。

3.3.2 气体显热储热材料

1）水和乙二醇的混合物

在太阳能工程中，对于 200℃以下的工作温度，因为维持水液相所需的工作压力中等，可以采用水和乙二醇的混合物或高压水作集热工质。水/蒸汽具有热导率高、无毒、无腐蚀、易于传输等优点，温度变化范围时 200～400℃。为了获得高温，通常采用增加管壁厚度的方法，而增加厚度也就意味着传热效率的降低，从而导致耗能及工程造价都很大。

2）空气

空气具有稳定性良好、腐蚀性小、凝固点低、自然条件下不凝固、工作温度范围大(可以高于1000℃)的优点，但是空气膨胀系数大，随着温度的升高膨胀，压力也逐渐增大。空气密度小，比热容小，则空气系统需要额外消耗电功进行强制加压以加速强化。此外，空气换热传热系数小，所需传热面积大，导致设备庞大、成本增加。目前，空气在高温热发电中较少使用。

3.3.3 液体显热储热材料

1）导热油

导热油一般分为矿物油和合成油。合成油作为储热传热材料时，传热介质的温度变化范围为 250～400℃，当温度高于 400℃时，合成油容易燃烧，价格昂贵。

导热油作为工业油传热工质具有以下优点。

(1)常压下，具有较高的温度上限(393℃)，可以获得较高的操作温度，大大降低高温加热系统的操作压力和安全要求，提高系统和设备的可靠性。

(2)具有较低的凝固点，不存在冻结问题，可以在较宽的温度范围内满足不同温度加热、冷却的工艺需求，或在同一个系统中用同一种导热油同时实现高温加热和低温冷却的工艺需求，可以降低系统和操作的复杂性。

(3)相对水系统而言，省略了水处理系统和设备，提高了热效率，减小了设备和管线的维护工作量，从而减小加热系统的初投资和操作费用。

(4)价格低，材料相容性好。

导热油作为工业油传热工质具有以下缺点。

(1)易燃易爆炸。

(2)温度上限较低。

(3)热稳定性差，导热油温度范围处在 300～400℃内时会有积炭生成，增加流动阻力，在 400℃以上时容易分解。

(4)不挥发，残留高，难以再生处理。

2)熔融盐

熔融盐是熔融态的液体盐。高温熔融盐热导率大，黏度小，储热量大，同时热稳定性和化学稳定性好，与金属容器相容性较好，质量传递速率高。

在常压下是液态，不易燃烧。融盐使用温度可达 300～1000℃，工作温度与高温高压的蒸热功转换装置相匹配，没有毒性，不需要专门的防护措施，价格低。熔融盐的缺陷之处是凝固点一般达 130～230℃，为维持液态，必须对相关设备、管道进行保温、预热、伴热，防止高温分解和腐蚀，这都会使系统成本增加，降低运行可靠程度。

混合几种熔盐成分，使其相互影响生成熔点较低的复合熔盐，是太阳能储热系统采用改变熔盐缺陷的有效方法，已为太阳能储热系统采用。

3.3.4　固体显热储热材料

当换热流体的比热容非常低时，如采用空气、固体材料作为储热材料，常以填充层的形式堆放，需要与换热流体进行热量交换。基于固体储热材料的间接储热系统的优点是：储热材料的成本非常低；由于固体储热材料与换热管道的良好接触，储热系统的换热速率很高；储热材料和换热器之间的换热梯度较低。不足之处是：换热器的成本较高，储热系统长期运行过程中存在不稳定性。

固体显热储热材料主要有砂石混凝土、玄武岩混凝土、耐高温混凝土、浇注料陶瓷。

3.4　相变储热材料

3.4.1　相变储热材料性能

相变储热材料的热物性主要包括相变潜热、热导率、比热容、膨胀系数、相变温度。相变潜热、热导率等直接影响材料的储热密度，吸热、放热速率等主要性能。

相变储热材料的储热密度至少高于显热储热材料一个数量级，从而减少储热容积，相比较具有显著优势。而且，相变储热材料能够通过相变在温度保持恒定的条件下吸收或释放大量热能，利于实现温度控制。由于具有温度恒定和蓄热密度大的优点，相变蓄热技术得到了广泛的研究，尤其适用于热量供给不连续或供给与需求不协调的工况下。

相变储热系统作为解决能源供应时间与空间矛盾的有效手段，是提高能源利用率的重要途径之一。相变储热可以分为固-液相变、液-气相变和固-气相变。然而，其中只有固-液相变具有比较大的实际应用价值。蓄热技术是提高能源利用效率和保护环境的重要技术，可用于解决热能供给与需求失配的矛盾，在太阳能利用、电力"移峰填谷"、废热和余热的回收利用及工业与民用建筑和空调的节能等领域具有广泛的应用前景，是世界范围内的研究热点。

3.4.2 相变储热材料

1) 光储热材料

一些有机金属化合物，它们的固-固转变是可逆的，潜热较高，在 0~120℃的温度内可供选择的转变温度范围较宽，具有夹层状晶体结构，交换层是无机的薄层和有机区(厚的碳氢区)。

2) 复合储热材料

理想的储热材料应满足这样的条件：储热密度大、传热性能好，体积变化小，不存在过冷的问题；化学性质稳定，安全又经济；从自然界获得或者人工开发。储热材料复合的目的就在于充分利用各类储热材料的优点克服自己的不足。

3.4.3 无机盐相变材料

无机盐主要是利用固体状态下不同种晶型的变化而进行吸热和放热，大多数无机盐固-液相变时，具有相变潜热大、相变温度较高的优点，因此可以应用于高温储热。

1) 氟化物

氟化物是非含水盐，主要为某些碱及碱土金属氟化物、某些其他金属的难熔氟化物等，熔点高，熔融潜热大，属于高温型储热材料。

2) 氯化物

价格便宜，熔点很高，一般在 700℃以上，熔融潜热大，但是腐蚀性强，属于高温型储热材料。

3) 硝酸盐

储热量大，相变温度一般在300℃左右，价格低，腐蚀性小，在500℃以下都不会分解，缺点是熔解热较小，热导率低，因此在使用时容易产生局部过热描述与中高温型储热材料。

4) 碳酸盐

储热量大、腐蚀性小、密度大、相变温度很高(一般在 800℃以上)、价格便宜等优点。缺点是熔点较高，液态碳酸盐黏度大，部分碳酸盐易分解。

5)金属氧化物

金属氧化物相变温度分布广，储热量大，可以根据高温储热系统应用场合选择使用。

3.5　太阳能化学反应存储

3.5.1　太阳能化学反应储存概述

在目前的太阳能储存中，技术最成熟、用得最多的是显热储存。相变潜热储能也是当今世界上流行的研究趋势，其储能密度约比显热高一个数量级，而且能以恒定的温度供热，但它的储热介质大多具有热扩散系数小、放热和储热速率低、不能连续溶解、经不起反复循环使用、易老化等缺点。

利用化学反应储存太阳能，其基本思想是为分解反应(吸热)提供能量，然后将分解物储存起来，等需用热时再发生结合反应(放热)，以得到热量。可以作为化学储能的热分解反应很多，但要便于应用，则要满足一些条件，如反应可逆性好、无副反应、反应十分迅速，反应生成物易于分离且能稳定储存，反应物和生成物无毒、无腐蚀性且无可燃性等。当然，要完全满足这些条件是困难的。目前，研究得较多或正在研究的热分解反应有 SO_3 的热分解反应、NH_3 的分解反应、无机氢氧化物的热分解、烃类化合物的分解、硫酸盐的分解、CS_2 的分解、有机物的氢化和脱氢反应、铵盐的热分解、氨化物和过氧化物的分解、金属氢化物的分解。

相比之下，化学反应储存太阳能有下述明显的优点。

(1)储能密度高，比潜热储能大一个数量级左右。在储能密度上，化学储能明显优于其他储能方式。

(2)正、逆反应可以在高温(500～1000℃)下进行，从而可得到高品质的能量，满足特定的要求。

(3)可以通过催化剂或将产物分离等方式，在常温下长期储存分解物。这一特性减少了抗腐蚀性及保温方面的投资，易于长距离运输，特别是对液体或气体，甚至可用管道输送。化学反应储热能量损失低，工作温度高，不需要隔热措施，在可变温度下有交换特性。

1988 年，美国太阳能研究中心就提出：化学反应储热是一种非常有潜力的太阳能高温储热方式，而且成本又可达到相对较低的水平。在 CaO 和 H_2O 小规模储热试验中，在大气压下脱水反应温度仍高于 500℃，化学反应储热系统约束条件苛刻，价格偏贵，但认为氢氧化物和氧化物之间的热化学反应将是化学储热的潜在对象。澳大利亚国立大学提出一种储存太阳能的方式，叫作"氨闭合回路热化学过程"，在这个系统里，氨吸收太阳能热分解成氢与氮，储存太阳能，然后在一定条件下进行放热反应，重新生成氨并释放热量，有更多、更好的用途。比如最近显示出美好前景的化学热管、化学热泵、化学热机、电化学热机、热化学燃料电池和光化学热管等，在利用化学反应储存太阳能方面也存在一些难题，比如技术复杂、有一定的安全性要求、一次性投资大及目前在整体效率上还比较低等，因而尚需解决如下问题。

(1)化学问题：反应种类的选择、反应的可逆性、附带的反应控制、反应速率、催化剂寿命。

(2)化学工程问题：运行循环的描述、最佳循环效率。

(3)热输运问题：反应器、热交换器的设计，催化反应器的设计，各种化学床体的特性，气体、固体等介质的导热性。

(4)材料问题：腐蚀性、混杂物的影响、非昂贵材料的消耗。

(5)系统分析问题：技术和经济分析、投资/收益研究、负载要求等。

利用化学反应储存太阳能是一门崭新的科学，目前各国科学家正对它开展研究。

3.5.2　几类具有潜力的化学储热反应

1)氢氧化物分解反应

氢氧化物分解温度较高，因而可储存高温热能，吸热反应的产物能在室温下长期保存，需要取用时，只需加水便能逆向反应，放出热量。

$Ca(OH)_2$ 作为化学储能材料，储能密度大，安全无毒，价格低廉。在标准大气压下，$Ca(OH)_2$ 的吸热反应为

$$Ca(OH)_2(s) \xlongequal{} CaO(s) + H_2O(g), \Delta H = -63.6 \text{kJ/mol} \tag{3-2}$$

$Ca(OH)_2$ 的分解温度为 520℃，因而可储存高温热能，而吸热反应的产物 CaO 为固体，能在室温下长期保存，当需要使用热能时，只需加水便能实现逆向反应，释放热量。

有研究表明，在反应中加入某些催化剂如铝、锌粉，在 1atm(101325Pa)就能使 $Ca(OH)_2$ 在 450℃下具有很好的分解速率。在 $Ca(OH)_2$ 中加水和铝粉添加剂，进行放热反应后的生成物为 $Ca_3Al_2(OH)_{12}$，脱水温度约为 300℃，但其储能密度比 $Ca(OH)_2$ 下降了 1/2。

2)氨基热化学储能

选择氨基储能体系主要基于以下几点考虑。

(1)反应的可逆性好，无副反应，而且氨基热化学储能系统操作过程及很多部

件的设计准则可采用现有的氨合成工业规范。

(2) 反应物为流体，便于运输。

(3) 没有腐蚀性。

氨基热化学储能的基本原理是可逆热化学反应，通过热能与化学能转换进行太阳能的转换-储存-传输-热再生过程。

$$NH_3(l) \Longrightarrow \frac{1}{2}N_2(g) + \frac{3}{2}H_2(g) , \Delta H = -66.5kJ/mol \qquad (3-3)$$

3) 硫酸氢氨循环反应

包括两步吸热分解和一步放热化合 3 个反应。

$$NH_4HSO_4(s) + M_2SO_4(s) \Longrightarrow M_2S_2O_7(s) + H_2O + NH_3(g) + SO_3(s), \Delta H<0 \quad (3-4)$$

$$M_2S_2O_7(s) \Longrightarrow M_2SO_4(s) + SO_3(s), \Delta H<0 \qquad (3-5)$$

$$H_2O(l) + NH_3(g) + SO_3 \Longrightarrow NH_4HSO_4(s), \Delta H>0 \qquad (3-6)$$

式中，M 表示金属，如 Na、K。在第一阶段热分解反应中，硫酸氢氨和金属硫酸盐反应得到水，氨和焦硫酸盐，焦硫酸盐受热分解得到硫酸盐和三氧化硫。这两步反应吸收太阳能。第三步反应是储有高能的反应产物三氧化硫、水、氨进行逆向反应.回到硫酸氢氨，放出热量。

4) 天然气的热化学重整

天然气的热化学重整是使低链烃如 CH_4 与 H_2O 或 CO_2 发生反应,重整后的产物主要是 CO 和 H_2 的混合物,CH_4 重整反应是化学工业中很普遍的一个化学反应。CH_4 与 H_2O 或 CO_2 重整是一个强烈的吸热反应,是升高烃类化合物热值的基础反应。体系的平衡组成计算表明在 latm(1atm=101300Pa)下，CH_4 在 1000K 的平衡转化率超过 90%，因此 CH_4，与 H_2O 或 CO_2 的重整是将太阳高温热能转化为化学燃料的理想过程。实际上,世界各国已经对该转化过程进行了长达 20 多年的研究。如果重整过程的热量在有催化剂存在的条件下由太阳高温热来提供，则该过程将使 CH_4 的热值提高 28%。经太阳热化学提升热值后的合成气可以储存用来发电。和传统的通过 CH_4 部分氧化供热的重整过程相比，太阳热过程将减少 20%的 CO_2 排放量。太阳热合成气还可以随时转化为便于运输的液体燃料，如 CH_3OH 等。合成气或 CH_3OH 的未来潜在应用领域在于作为燃料供给高能量转换效率的燃料电池使用。

在过去的几十年中，人们更多的是研究 CH_4 的 CO_2 重整反应，这主要是因为它与化学热管道输送有关。通过化学热管道可以将太阳能从资源丰富的地方传输到能量贫乏的偏远地方，该方法首先通过一个吸热的化学反应将太阳能储存起来，然后将高热值的 CO 和 H_2 经管道运送到需要能量的地方，再通过放热反应释放储存的化学能，产生的 CH_4 和 CO_2 再送回太阳能反应器继续完成能量循环，整个能量转化和利用过程实际上利用了可逆化学反应的吸热和放热过程，而 CO 和 H_2 在运输中作为能量的载体存在。

以色列魏茨曼科学院摩西·莱维教授[17]的储能科研组已经按此方式发展远距离输送太阳能技术。他们在一座高 54m、内装甲烷气体的高塔内，将由电脑控制的 64 面巨型发射镜聚集的阳光照射到塔顶，可收集 3000kW 的太阳能，将塔中 CH_4 和 H_2 加热到 900℃，实现 CH_4 和 H_2O 转化为 H_2 和 CO 的反应。这种合成气体所含能量比原 CH_4 提高 30%左右，然后通过管道远距离输送到发电厂。在发电厂又通过还原储存器使合成气体重新还原为 CH_4 和 H_2O，再将 CH_4 分离出来，而 H_2O 成为 800℃的高温蒸汽，用以推动热功转换装置带动电机发电。CH_4 可作为中间介质返回太阳塔再次用于制取合成气，如此不断循环，形成一个不向大气排放任何气体，也不使用任何矿物燃料的封闭环状发电系统，系统唯一消耗的原料是水。摩西教授的研究开拓了一种新的太阳能热发电模式，使太阳能热的聚集与发电可以分距在两个各自适宜的地点，这可能具有重大意义。

但是由于太阳能甲烷重组需要高温，对重整器要求很高，同时需要庞大的定日镜场，不利于工程应用。为此人们又提出了中温太阳能裂解甲醇的动力系统，系统中太阳能化学反应装置是通过低聚光比的槽式抛物面聚光器，聚集中温太阳能与烃类燃料热解的热化学反应相组合，将中低温太阳能提升为高品位的燃料化学能，从而实现了低品位太阳能的高效能量转化和储存。

3.6　储热系统

3.6.1　储热装置技术

储热装置或储热系统，是由储热材料、容器、温度/流量/压力测量控制仪器、泵或风机、电机、阀门管道、支架及绝热材料构成，储存并可提供热能，加热蒸汽发生器，驱动热功转换装置发电及泄漏探测，内置燃料(或混电加热)，流体搅拌，容器内填放材料和排泄等组成系统。储热系统除考虑储热能力外还需要从其他方面进行选择。

(1)保证系统运行的安全性及可靠性。利用相变材料储存热量时，理论上可以任储存相同热量的情况下减少材料的使用量，但是由于相变过程会存在材料在形态上的改变，更要考虑介质管道内的运输及传热的进行，而显热材料储热能够更好地控制。

(2)投资及运行成本比较理想，适宜做大规模太阳能传热储热系统的介质。

(3)对材料运行温度、储热能力、稳定性、安全性(如对管道的冲刷，腐蚀，材料在运行过程中的分解、熔解)、价格等因素的综合考虑。

3.6.2　对储热容器的要求

1. 储热容器选取原则

(1)设计一般容器的技术特性包括：容器类别、设计压力、设计温度、介质、几何容积、腐蚀裕度、焊缝系数、主要受压元件等。

(2)容器的材料应力屈服点高于储热工作温度 100℃。

(3)压力容器的设计按照国家质量监督委员会所颁发的《压力容器安全技术检查规程》规定执行。

(4)容器上开孔要符合 GB150 第 8.2 节的规定，一般都要进行补强计算，除非满足 GB150 第 8.3 节的条件，则可不必进行补强计算。

(5)储热材料与容器和管路及阀门具有相容性。

(6)储热容器的布置要便于排废。

2. 储热容器的选择

(1)储热容器的充放热依靠换热器进行，可按下列原则选择：

①热负荷及流量、流体性质、温度、压力和压降允许范围，对清洗和维修的要求，设备本体结构、尺寸、重量、价格、使用安全性和寿命；

②常用换热器性能如下：管壳式压力从高真空到 41.5MPa，温度可从–10～1000℃，管壳式换热器设计的国家标准为 GB 151—2011。其他换热器形式主要包括板式、空冷式、螺旋板式，多管式、折流式、板翅式、蛇管式和热管式等。

(2)固体换热器对于固体储热材料.换热器可置于储热体内，例如，对于陶瓷和混凝土上储热材料，低温端的温差不宜小于 20℃。由于太阳辐照的非连续性，储热材料内的换热器应充分考虑到热膨胀系数不匹配和多次热冲击带来的换热器与固体材料分离的问题。

(3)蒸发器与换热器应侧重考虑充放热流体的设计压力、温差、污垢系数和沸点范围等。对于高压力的蒸发器选用斧式或内置式的比较好。对于油水换热器，设计时应充分考虑热态下流体间的压差。

3.6.3　储热装置的发展

储热装置的发展是一个漫长而又曲折的过程，较早的时候，人们储存热量的方式是采取蒸汽储存，蒸汽的储存和利用最早由德国的拉特教授[18]提出，到 1873 年，美国的麦克马洪将蒸汽以高温热水的形式来储存，为现代储热装置奠定了基础。

在太阳能热发电系统中，太阳的辐射热量最终都通过换热产生高温高压的水蒸气来发电,如果用水直接作为传热和储热介质,就成为一种直接蒸汽发电系统。以水作为吸热器与换热器的传热介质,具有热导率高、无毒、无腐蚀、易于输运和比热容大等优点。由于没有中间换热器和中间介质,所以系统结构简单。但在直接蒸汽发电系统中,水/水蒸气在高温时有高压问题,水蒸气的临界压力为22.129MPa,临界温度为 374.15℃,当水的温度高于临界温度时,就成了过热蒸汽,高温下水蒸气通常处于超临界状态,压力特别高,对热传输系统的耐压提出了非常高的要求,增加了设备投资与运行成本。为此,在系统中加入了蒸汽储热器,可以把多余的水蒸气变成体积比热容较大的水来储存热量,同时还可以保持系统压力稳定在工作范围之内。

蒸汽储热器的工作原理是将多余的蒸汽通入到装有水的高压容器中,使水被加热后变成一定压力的饱和水;当重新需要蒸汽时,容器内的压力下降,饱和水变成蒸汽,而容器中的水既是蒸汽和水进行热交换的传热介质,又是储存热能的载体。直接蒸汽发电系统是最有希望减少成本的方法之一,而蒸汽储热器通过多余的能量储存为热发电系统的稳定运行提供了保证,避免了由太阳辐射能量的波动而引起的系统瞬时热应力的巨大变化。蒸汽储热系统不仅具有较少的反应时间、较高的放热速率,同时还可以作为相分离器、换热器或者与其他显热及潜热材料相结合来储存热量。

可以应用压力容器直接储存饱和蒸汽或过热蒸汽,但由于其单位体积的储热密度低,并不经济。1970 年,有人提出应用汽-水分离器同时兼作高压饱和水显热储热的概念。这一设计概念的基本点是高压饱和水具有很高的比热容,因此单位体积的储热密度高。当压力容器中压力下降时,高压饱和水即自行蒸发产生蒸汽,对系统进行补充。这在常规热力发电厂早有应用,技术成熟,其比体积储热密度为 $20\sim30kW\cdot h/m^3$。原理上讲,上述汽-水分离器下部的水出口直接接到储水槽,储水槽可以根据蒸发开始和终了时压力之间变化,提供比体积饱和蒸汽量。

现在,高温熔盐储热已由空间站发展到地面太阳能电站。研究表明[19],与传统的导热油相比,采用高温熔盐发电可以使太阳能电站的操作温度提高到 450~500℃,这样就使蒸汽在轮机发电效率提高 2.5 倍,在相同发电量的情况下,就可以减小储热器的容积。同时,硝酸盐与阀门、管道及高低温泵等的相容性也较好。而混合盐继承了单纯盐的优点,其熔化温度可调、相变时体积变化率更小、蒸气压更低、传热性能更好,因此在太阳能储热领域有广阔前景。Sandia研究中心(NSTTF)采用 60%NaNO₃~40%KNO₃(太阳盐),与硅石、石英石相结合进行研究。研究表明,在 290~400℃之间,经过 553 次循环试验后没有出现填料腐蚀的问题。同时,采用 44%Ca(NO₃)₂、12%NaNO₃、44%KNO₃(Hitec XL)做试验,结果表明,在 450~500℃之间,经过 1000 次循环以后,填料与熔盐的相容性仍然很好。

　　虽然潜热储热量会更大，但在目前太阳能电站的储热系统中并不是利用熔盐的潜热来储热，而是利用它熔融态的显热来储热。一般储热系统由储热罐、盐泵及管道阀门等组成。

3.6.4　储热罐

　　1. 储热罐构造

　　储热罐是储热装置的主体，现有斜温层罐储热和双罐(冷罐、热罐)储热两种形式。这在实际上与外覆绝热材料的冶金、化工热力装置相似。

　　罐的底部为钢筋混凝土基，四周环墙用高铝或高铬耐火砖，由硬质绝热材料如泡沫玻璃保温顶部，上覆钢板衬顶的外包金属也是耐火材料。

　　储热罐的构造与玻璃窑炉或玻璃纤维池窑类似，四周、顶部和底部由既起保温又起支撑作用的钢架(板)和耐火材料构成，耐火材料还要能够承受液态熔盐的侵蚀。

　　在罐体外部包覆(涂覆)绝热材料，以降低热量的散发。

　　玻璃、玻璃纤维的窑炉温度都达 1000℃以上，现在甚至采用全氧燃烧，采用耐高温玻璃熔液冲刷的锆刚玉砖，与现有太阳能热发电用的储热罐运行熔盐温度相比，要低许多。

　　2. 底部绝热材料

　　钢衬板下方有两层绝热材料，分别为隔热耐火砖和泡沫玻璃。向高温储热的方向发展，采用类似玻璃、玻纤窑炉的技术模式。

　　3. 环形墙

　　由于冷罐和热罐周围的环形墙是起承重作用的，罐子质量和里面熔盐的质量主要是靠环形墙来支撑，所以在设计四周环形墙时，应保证环形墙所承受的压强不超过工程允许值。

　　4. 储热罐加热装置

　　在太阳能电站初次投产或长时间停机维修后重新投入运行时，储热系统中储存的介质都需要从固态加热到液态，因此，储热罐中必须设置加热装置以实现这一目的。储热罐加热装置有如下两种形式：一是通过金属电极将低压(5.5～36V)大电流交流电引入炉内，电流流过盐发热，这时盐液既是发热体，又是对工件加热的介质；二是用铂、硅铝或硅碳电阻发热体通电时产生热能熔化熔盐。

5. 储热器的要求

储热器实质上就是一个换热器，它要以预先规定好的速率，把太阳能集热器热量以显热或潜热的形式储存一段时间，并把热负荷所需要的热量释放出来。因此加热器应满足如下条件。在输入或输出热量的过程中，为避免温度波动幅度过大，这就要求储热器的传热面积较大。

3.6.5 单罐储热和双罐储热

在太阳能热发电的储热系统中，储热罐有分工配合使用的双罐储热系统和一身汇集两种功能的单罐储热系统。

1. 双罐储热系统

双罐储热系统是指太阳能热发电系统包含两个储热罐，一个为高温储热罐，另一个为低温储热罐。系统处于吸热阶段时，冷罐内的储热介质经冷介质泵运送到吸热器内，吸热升温后进入热罐。放热阶段，高温介质由热介质泵从热罐送入蒸汽发生器，加热冷却水产生蒸汽，推动热功转换装置转动运行，同时降低温度的介质返回到冷罐中，从而实现吸热-放热的储热过程。

按照储热方式不同，双罐储热系统可分为直接储热系统和间接储热系统。间接储热系统的传热介质和储热介质采用不同的物质，需要换热装置来传递热量。间接热系统常采用不存在冻结问题的合成油作为传热介质，熔盐液作为显热储热介质，传热介质与储热介质之间有油-盐换热器，系统的工作温度不能超过400℃，其缺点是传热介质与储热介质两者之间通过换热器进行换热，由此带来不良换热。直接储热系统中传热流体既作为传热介质，又作为储热介质，储热过程不需要换热装置。直接储热系统常采用熔盐作为传热布而熟介质，不存在油-盐换热器，适用于400～500℃的高温工况，从而使朗肯循环的发电效率达到40%。对于槽式太阳能热发电系统，管道多为平面布置，需要使用隔热和伴随加热的方法来防止熔盐液传热介质的冻结。塔式太阳能热发电系统的管网绝大部分竖直布置在塔内，管内的传热介质容易排出，解决了防冻问题，且其工作温度比槽式系统高，因此双罐储热系统对塔式太阳能热发电系统是比较好的选择。

双罐储热系统中，冷罐和热罐分别单独放置，技术风险低，是目前比较常用的大规模太阳能热发电储热方法，但是双罐系统存在需要较多的传热储热介质和高维护费用等缺点。

双罐系统中的热交换过程如下，盐被加热到385℃储存在热盐罐中，这是热的储存过程。在用电高峰期，把热盐泵送到热交换器中加热油，油被加热后泵送到发电厂中进行发电，盐冷却到300℃送到冷盐罐中，这是热的释放过程。硝酸盐密度一般为 1800kg/m³，比热容为 1500J/(kg·K)，化学性能稳定，蒸气压低（<0.01Pa），成本低，约为 0.4～0.9 美元/kg。目前的研究表明，从技术和成本的角度来看，双罐储热系统是可行的，没有发现技术上的障碍。据分析，如果储热罐具有 12h 的储热能力，所需热功转换装置功率下降，总成本降低，电价可降低10%。双罐储热系统结构简单，并没有增加太阳能发电厂的复杂度，反而减少了发电成本，增强了太阳能热发电的市场竞争力。

2. 单罐储热系统

单罐也称为斜温层罐。斜温层罐根据冷、热流体温度不同而密度不同的原理在罐内建立斜温层，冷流体在罐的底部，热流体在罐的顶部。由于实际流体的导热和对流作用，所以实现真正的温度分层存在较大的困难。

单罐储热装置斜温层单罐内装有多孔介质填料，依靠液态熔盐的显热与固态多孔介质的显热来储热，而不是仅仅依靠材料的显热来储热。在罐的中间会存在一个温度梯度很大的自然分层，即斜温层，它像隔离层一样，使得斜温层以上的熔盐液保持高温，斜温层以下的熔盐液保持低温，随着熔盐液的不断抽出，斜温层会上下移动，抽出的熔盐液能够保持恒温，当斜温层到达罐的顶部或底部时，抽出的熔盐液的温度会发生显著变化。

3.6.6　圆筒形熔盐储热罐的数值模拟

1. 基本要素及模型建立

参考西班牙 Andasol 系列光热电站双罐间接储热系统，对高温储热罐进行建模仿真。受液下长轴泵高度和试验占地面积的限制，熔盐罐选择立式圆筒结构，制造容易，安装内件方便且承压能力好。使用 KNO_3-$NaNO_3$-$NaNO_2$ 三元混合熔盐为储热工质，其物性参数如表 3-1 所示，在罐内填充氮气以还原实际工况。

表 3-1　三元混合熔盐 KNO_3-$NaNO_3$-$NaNO_2$(44-7-49mol%) 的物性参数

名称	公式	单位	适用范围
密度	$\rho=-0.7497T+2293.6$	kg/m³	460～870K
比热	$c_p=7.2413\times10^{-3}T^2-10.833T+5806$	J/(kg·K)	426～776K
动力黏度	$\mu=-2.019\times10^{-9}T^3+3.731\times10-6T^2-2.297\times10^{-3}T+0.4737$	Pa·s	420～710K
导热系数	$\lambda=-1.25\times10^{-3}T+1.6\times10^{-6}T^2+0.78$	W/(m·K)	443～783K

对小容量圆筒型储热罐尺寸可采用等壁厚设计，仿真采用的储热罐几何参数为：内高 1400mm，内径 1600mm，钢壳厚度为 20mm。由于所述圆柱型储热罐是轴对称结构，可将实体模型的一半用于建模来节约计算时间。省略壁面保温层和

底部绝热布置后，得到熔盐储热罐本体 2D 模型如图 3-4 所示。

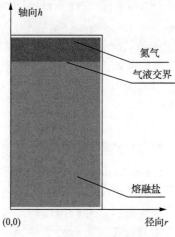

图 3-4　熔盐储热罐简化模型

2. 控制方程及求解方法

高温储热罐的上方填充一定量的氮气，可以防止亚硝酸盐被氧化，同时起着预热储热罐的作用。对高温储热罐进行传热分析：罐内的氮气和熔盐进行对流传热，熔盐同时与罐内壁进行辐射换热，热量从顶部、侧壁和底部三个方向通过热传导通过罐壁，以对流和辐射的方式散失在环境中。

对于储热罐内的自然对流，忽略熔盐泵和分流装置对介质的影响，由传热学可知，熔盐介质的流动特性可由努塞尔数描述，根据文献总结，可以得到

$$Nu = \frac{h \cdot L}{k} = \begin{cases} 0.68 Pr^{1/2} \dfrac{Gr^{1/4}}{(0.952 + Pr)^{1/4}}, & 10 < Gr \cdot Pr < 10^8 \\ 0.13(Gr \cdot Pr)^{1/3}, & 10^9 < GrPr \end{cases} \tag{3-7}$$

当 $Gr \cdot Pr$ 介于上述区间内时，熔盐处于过渡状态，其传热系数由辅助因子 s 决定，计算式为

$$h = s h_{层} + (1-s) h_{端} \tag{3-8}$$

对于储热罐内的辐射传热，可以将罐顶部和侧壁视为灰体表面，而熔盐表面视为准黑体，因此发射率接近 1，可取 0.95，根据辐射传热公式，可计算不同液位下的形状因子和角系数，从而决定辐射传热量。

对于罐外的复合传热，为计算简便，对将辐射换热等效折算为对流传热，进

而对换热系数进行统一，表达式为

$$Q = Q_c + Q_r = (h_c + h_r)A(t_w - t_f) = h_f A(t_w - t_f) \tag{3-9}$$

设某地环境温度 t_f =25℃，根据上式及对流、辐射传热系数的计算式，得到复合传热系数为 h_f =8.34W/(m^2·K)。

在软件 Ansys Fluent16.0 中选用瞬态 Axisymmetric，流态模型为 k-ε 型，在进行有关物性和第三类边界条件设置后，使用 SIMPLE 方法求解，压力离散格式选用 PRESTO。开启浮力项以反映储热介质密度随温度变化带来的影响。

在 Solver 面板中选择非定常模型，然后定义物性参数，按照表 3-1 录入数据并补充编写 UDF 文件，随后开启多相模型，并进行边界条件设置。

在进行模型初始化时，对高温储热罐本体和内部介质赋予相同的初始条件 (τ_0=0 时，t_0=513K)，通过 patch 功能实现罐内气、液两相工质的属性分配。根据求解精度要求和计算时间限制，调试得到时间步长为 0.1s，本工况共模拟 6000 个时间步。

3. 温度分布规律及散热量计算

以高温储热罐处高液位(h=0.85h_0)为初始态，分别观察储热罐内熔盐、氮气空间及罐体各自温度随时间的变化趋势。使用 auto save 功能对每个时间步的计算结果进行保存，提取典型时刻的数据进行分析，得到对应时刻储热罐内部和储热罐钢壳的瞬时温度场。

储热罐内径远大于壁厚，等比例展示储热罐整体将无法看出温度差别及其变化趋势，故为便于观察，对图像进行局部扩大，分别对罐顶、侧壁和罐底这三个关键部位的温度变化趋势进行展示和分析，罐顶温度分布云图如 3-5 所示。

温度/K: 494 495 496 497 498 499 500 501 502 503 504 505 506 507 508 509 510 511

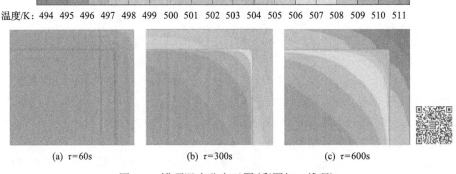

(a) τ=60s　　　　　　(b) τ=300s　　　　　　(c) τ=600s

图 3-5　罐顶温度分布云图(彩图扫二维码)

图 3-5 是高温储热罐罐顶的温度分布云图。以 τ=60s 作为初始时刻，观察高

温储热罐顶部与侧壁的夹角及其依附的罐壳。可以发现，受限于储热罐结构，随着时间推移，该处热量传导出现了边缘效应。沿夹角的平分线从内向外，温度逐渐降低，等温线的弧度越来越平缓。在储热罐内的气相空间中，这个拐角处于局部低温，是热量散失最严重的地方；对于端盖和侧壁的钢壳结构而言，实体几何结构为直角，而热力温度分布为一道道圆环，造成了拐角处钢壳热应力分布不均。

图 3-6 是高温储热罐罐底的温度分布云图。与图 3-5 相似，罐底拐角与罐顶拐角的温度分布趋势相同，但由于氮气与熔盐的热物性不同，两处的热量散失情况有所不同。对比发现，经过 600s，罐顶最低温已达 494K，而罐底最低温仍有 499K，温差虽仅为 5K，但足以说明两处的散热情况并不相同，罐顶散热情况比罐底更加剧烈。

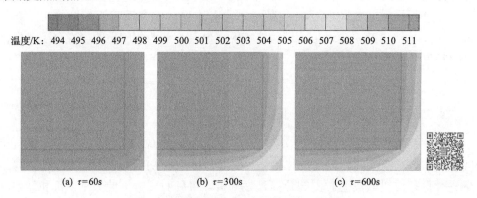

温度/K: 494 495 496 497 498 499 500 501 502 503 504 505 506 507 508 509 510 511

(a) τ=60s   (b) τ=300s   (c) τ=600s

图 3-6　罐底温度分布云图(彩图扫二维码)

在实际工程中，储热罐实物比上述模型扩大若干倍；同时，受限于计算机精度问题，本次模拟时间较短，但实际工程中储热罐内介质需要长达数小时的保温。若保温层按照等厚度设计，过厚将带来重力增加和资源浪费，过薄又起不到理想保温效果。因此，必须考虑罐顶和罐底不同的散热情况，以一定合理的径高比为约束条件，对保温层进行变厚度设计，或者采用不同的保温材料，并进行梯级布置，使保温结构充分发挥其特性。

将 2D 平面模型拓展为整个圆筒储热罐模型，若干个顶部、底部拐角分别形成了上、下两个低温圆环，连接着顶部端盖、侧壁和底部端盖。储热罐外侧顶角温度随着时间下降迅速，故此处的保温层厚度应当适当加厚；同时，还需根据壁厚大小和工艺水准，对罐顶做倒圆角处理，使拐角钢壳内的温度分布尽可能连续、均匀。

图 3-7 是高温储热罐气、液交界高度壁面的温度分布云图。本工况模拟的是储热罐处于高液位工况，因此气、液交界高度为 $h=0.8h_0$。可以发现，罐内交界面的温度场分布基本均匀，但侧壁温度出现温度分层。

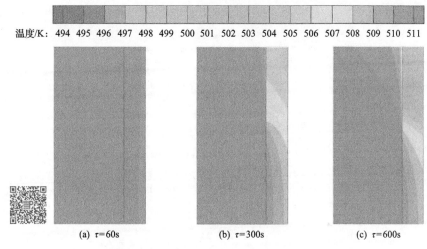

(a) τ=60s　　　　　　　　　(b) τ=300s　　　　　　　　(c) τ=600s

图 3-7　储热罐气、液交界壁面温度分布云图(彩图扫二维码)

在高温情况下，氮气分子在有限空间内迅速运动，辐射换热相当剧烈，其热量经钢壳迅速传递至储热罐壁面外侧，该厚度方向的钢壳温度分布均匀，且温度水平较低；而与熔盐液体接触的钢壳整体温度水平较高，且沿径向温度分层现象明显。

出现上述现象的原因是熔盐密度与温度呈负相关，初始阶段，密度小且质量轻的熔盐在上方，随着温度逐渐降低，这类熔盐从侧壁开始下沉，相应地，有新的熔盐向上运动，对流换热促进了熔盐热量的散失。在相同的高温情况下，氮气分子运动速度远大于熔盐分子，导致储热罐上部气体空间比下部液体空间换热效果更强烈，表现在侧壁上就是上部降温剧烈，温度较低且分布均匀，交界处温度出现明显分层。

储热罐内气、液工质的热量分别从顶部、侧壁和底部三个方向通过热传导通过罐壁，以对流和辐射的方式散失在环境中。监视高温储热罐顶部、侧壁和底部的温度随时间的变化趋势，使用 tecplot 后处理软件进行定向积分后做面平均处理，得到储热罐上壁内侧、上壁外侧、侧壁内侧、侧壁内侧、下壁内侧和下壁外侧这六个部位平均温度随时间的变化趋势，可发现储热罐上壁温度下降最迅速，如图 3-8 所示。

图 3-8 所示的高温储热罐各部位的温度趋势图与数据吻合。储热罐内侧壁温均高于外侧壁温，这是热量从内向外传递的结果；同一时刻，储热罐的上壁温度远远低于储热罐的下壁温度，前者依靠的是主要氮气分子的辐射换热，后者依靠的是熔盐的对流和导热，侧壁的温度介于上、下壁之间，体现了两种工质的共同作用。储热罐的内、外侧壁相同部位的温度曲线斜率基本相同，代表内、外壁的温差基本保持恒定，这是钢材热力性能的体现。

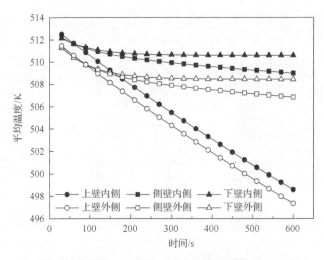

图 3-8　高温储热罐的顶部、底部和侧壁温度变化趋势图

在 τ=0~600s，下壁面的传热速率较小，温度变化集中在前 200s 内，以后的温度水平几乎不随时间变化；上壁面的传热速率较大，温度曲线几乎是线性下降，在模拟结束时刻该处的传热远远没有达到稳态；由于液位高度 h=0.85h_0，即侧壁面一小部分面积与气体接触，绝大多数面积被液体浸润，因此其传热速率沿储热罐的高度方向分布是不均匀的，综合传热速率介于上、下壁面之间。

熔盐储热系统的散热是由于整体温度高于环境温度，通过导热、对流和辐射三种传热途径将热能散失。根据热平衡及传热方程式，对处于初温 $T_{initial}$=513K 且初始液位高度 h=0.85h_0 的储热罐进行散热量计算。当 τ=60s 和 τ=600s 时，储热罐处于瞬态热平衡，计算对应时刻储热罐不同部位的传热量，计算结果如表 3-2 所示。

表 3-2　高温储热罐瞬时传热量计算（高液位）

模拟时长/s	各部位传热量/kW			总传热量/kW
	上壁	侧壁	下壁	
60	21.400	36.491	17.173	75.065
600	33.582	55.486	18.734	107.802

表 3-2 的计算结果与图中温度曲线分布相呼应，再次证明了由于储热罐内存在氮气和熔盐两种介质，由于热物性和散热模式的差异性，导致储热罐不同部位的散热情况不一致，进而造成了储热罐壁温分层状态不同。因此在实际工程中，不同部位所需的保温措施应该区别对待。增长模拟时间，还可以计算出储热系统待命工况下的累积散热损失，进而判断何时启动电加热系统以防熔盐凝固。

4. 不同运行模式的影响

已讨论了储热罐在初始液位高度为 $h=0.85h_0$ 的温度场分布和不同部位的散热量，这只是一种最特殊的工况。在实际工程中，储热系统投入运行时可能处于任何一种液位高度，典型情况有：充热刚结束，储热罐中熔盐处于高液位；放热刚结束，储热罐中熔盐处于低液位；中间液位对应多种工况，可能是充、放热模式的中间运行状况，也可能是云遮造成的储热系统短暂停运，此时储热系统处于待命工况。待命工况下的高温储热罐与单罐斜温层系统的介质分布情况看似相同，但机理完全不一样：前者需建立两相模型（一半气体，一半液体，同时开启辐射模型），而后者是单相模型（上、下部分均为熔盐，但温度不同，只需开启对流模型）。

现对介质和罐体初始温度相同的储热罐，分别以高液位（$h=0.85h_0$）、低液位（$h=0.15h_0$）进行散热模拟，模拟结束时刻为 $\tau=600$s。重点关注储热罐不同液位的平均温度和不同位置的瞬时传热量，此时气体空间、气液交界处和液体空间的径向温度分布如图 3-9 所示。

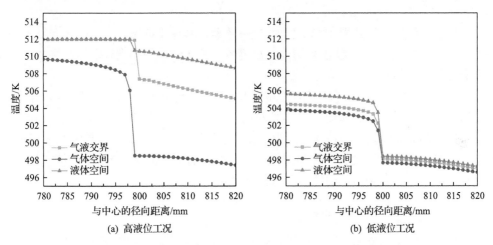

(a) 高液位工况　　　　　　　　　　(b) 低液位工况

图 3-9　不同初始液位下储热罐内各部位径向温度分布

由于储热罐内径远大于壁厚，等比例展示无法看出温度差别及其变化趋势，所以以钢壳内壁为分割线，向内、外分别径向延伸 20mm，即 $r=780\sim800$mm 实际上是介质空间，$r=800\sim820$mm 为罐壁。可以发现，不论是高液位还是低液位工况，储热罐中的熔盐温度总是大于氮气温度，这与两者的物性特征有关，而气液交界处的温度介于二者之间，这与实际情况完全相符。

当储热罐内的熔盐含量逐渐增加，液位随之升高，液体盐与储热罐内壁的接触面积（即湿周面积）以二次幂规律增加。此时，液体与罐顶的辐射换热面积线性减小，氮气活动空间减小，温降曲线是综合考虑这几方面得到的结果。还可以发现，在靠近罐壁内侧，介质温度均会以一定斜率陡降，与温度云图中的温度分层现象相呼应；不论液位高低，在罐壁内温度总是线性下降，幅度缓和，这是因为不锈钢传热性能较好，以至于在极薄的钢材中没有出现巨大落差，罐体形状得以维持。储热罐处于不同液位时，侧壁内部竖直方向的温度跨度也不一样。

经计算，当 $\tau=600s$ 时，高液位工况侧壁内部在竖直方向的温度跨度差别极大，而低液位仅为 $\Delta T=0.764K$，此时罐内介质温度场趋于稳定，罐壁温度从内向外线性下降，说明储热罐整体安全性较高，将熔盐和氮气分别从泄液阀和排气阀排空后，系统即可进入休眠模式。

3.7　热　交　换

热交换主要是通过换热器进行。换热器（设备）的主要作用是将高温流体的热量传递给除氧器的给水并将其加热成为蒸气，故也被称为蒸气发生器。

1. 换热器作用

储热系统中的换热器主要是指油-盐换热器，其作用如下。

（1）在储热阶段，温度较高的油和温度较低的盐经过换热器，换热器将油内的热量转换为盐的热量储存起来。

（2）在放热阶段，温度较低的油和温度较高的盐通过换热器，热量转移到低温的油中，使油温升高，从而实现连续发电。

换热器的设计要考虑成本、温度、压力、结垢、清洁、拆卸、重装难易程度、流体的泄漏与污染程度及流体类型等。对有严重腐蚀性的流体要使用不锈钢、钛或其他高质量合金制造密封式或管式换热器。

2. 换热器（heat exchanger）

换热器即热交换器，按工作原理不同，有表面式、混合式和回热式三种类型。在表面式（间壁式）换热器中，热、冷流体之间借固体壁面分隔，热量通过壁面由热流体传给冷流体；在混合式换热器中，两种或两种以上的热、冷流体依靠直接接触方式来进行热量的交换；在回热式换热器中，热流体和冷流体交替流过同一换热表面。三类热交换器按不同设计，用于加热、冷却、蒸发、冷凝、过热除氧等工艺用途。管式换热器是表面式换热器的一种基本结构形式，采用圆管作为换热面积。按安装方式有壳管式（管壳式、列管式）和套管式。管壳式换热在当前太阳能热发电工程中使用最多。

壳管式换热器的传热面由管束构成，管束由管板和折流挡板固定在外壳之中。两种流体分别在管内、外流动。管内流动的路径称为管程，管外流动的路径称为壳程。管程流体和壳程流体互不掺混，只是通过管壁交换热址。

壳管式换热器可以按完成的功能分类，如冷凝器、加热器、再沸器、蒸发器、过热器等，同样也可按其结构特点进行分类，分为固定管板式、浮头式和 U 形管式三类。套管式也可归入 U 形管式。可根据介质的种类、压力、温度、污垢和其他条件，管板与壳体连接的各种结构形式特点，传热管的形状与传热条件、造价、维修检查方便等情况来选择设计制造各种壳管式换热器。卧式壳管式换热器是固定管板式换热器中应用最广泛的一种。

固定管板式换热器除壳程清扫困难和适应热膨胀能力差外，集中了管壳式换热器的一系列优点。除壳程流体有腐蚀性、易结垢，需经常拆换管束或机械清扫管束外表面的情况外，应禁止采用此形式，对于管子和壳体温差超过 30～50℃的情况需考虑在壳体上加装膨胀节。制冷工业中的卧式壳管式冷凝器、干式蒸发器、满液式蒸发器，电厂热力系统中的凝汽器、除氧器和高压加热器、低压加热器等多采用此种结构。

浮头式换热器由于管束的膨胀不受壳体的约束，因此不会在管束和壳体之间产生温差热应力；浮头端可拆卸抽出管束，为检修更换管子、清理管束及壳体带来很大方便。这些优点表明，对于管子和壳体间温差大、壳程介质腐蚀性强、易结垢的情况，浮头式换热器很适用，但由于结构复杂，填函式滑动面处在高压时易泄漏，其应用应受到限制。

U 形管式换热器对于壳间温差大、压力高的工艺条件较能适应，但管程流速受允许压降限制较大，管内外介质要求无腐蚀性和结垢性。

蒸汽发生器按安放方位不同，可分为卧式蒸汽发生器和立式蒸汽发生器。

3.8　热　传　输

在太阳能热发电工程中，接收装置(太阳钢炉)、储热装置与热交换系统共同组成储热-热交换系统，通过管道、阀、泵组成的热传输系统相连，热交换与热传输功能能够提供热能，保证发电系统稳定发电或者用于化学储存和长期储存。

对于化学储能系统，太阳能聚光器、接收器与电站可以分离数十公里甚至更远，管道更加发挥作用。

热传输系统主要由传输管道和泵体构成。这与石化、冶金行业的高温气体、液体流通网络基本相似。

对于热传输系统的基本要求也基本相同：①输热管道的热损耗小；②输热管道能在较长时间经受高温流体的冲刷，泵要能稳定工作；③输送传热介质泵的功率要小；④热量输送的成本要低。

热传输系统有两种模式。

(1)分散型。对于分散型太阳能热发电系统，通常是将许多单元集热器串并联起来组成集热器方阵，但这样会使由各个单元集热器收集起来的热能输送到储热系统时所需要的输热管道加长，热损耗增大。

(2)集中型。对于集中型太阳能热发电系统，不需要组合环节，热能可直接输送到储热(蒸汽发电)系统，这样输热管道可以缩短，但现有的塔式发电设计要将传热介质送到顶部，需要消耗动力，加大泵的功率。

现在传热介质多根据温度和特性选择，大多选用工作温度下为液体的加压水式有机流体，也有的选择气体式两相状态物质。

为减少输送管道的热损，目前的主要做法一种是在输热管道外加绝热层，另一种是利用热管输热。

热储存中的罐体和热传输系统中的管道与环境温度有很大温差，必须进行保温。管道绝热层受力变形表明绝热工程必须按管道与设备保温绝热工程的成熟经验和标准施工。

绝热保温结构有胶泥保温结构(已很少用)、填充保温结构、包扎保温结构、缠绕式保温结构、预制式保温结构和金属反射式保温结构等。

1995年英国[20]首先在热力工程上采用金属反射式保温，在此之前，前苏联[21]在600~800℃的燃气轮机上使用多层屏蔽金属反射式保温结构。这种结构主要用于降低管道和设备的辐射与对流传热，特别适用于震动和高温状态，甚至在潮湿环境中发挥热屏或绝热作用。

可拆卸式保温结构又称活动式保温结构，主要适用于设备、管道的法兰、阀门及需要经常进行维护监视的部位，支吊架的保温设备和管道绝热保温用的绝热材料(包括颗粒状和纤维状制品)，对热流有显著阻抗作用；轻质，吸声，防震。

泵的功能是将原动机提供的机械能转换为被输送液体的压力势能和动能。按工作原理和构造，主要有叶轮式泵、容积式泵两大类及射流泵和真空泵等。太阳能热发电热输送系统所用的熔盐泵是一种特殊用途的耐腐蚀泵，为提供高温熔盐的工作介质和在管道中流动的动力，实现热能传送，熔盐泵必须选用能耐高温、耐腐蚀的合金材料。

在太阳能热发电的热输送系统中，比较理想的设计是使热质在管道中按照冷热方向自行移动，仅在启动、加热过程中使用泵和阀门。在太阳能热应用中，使用的绝热(保温、保冷)材料主要有岩棉、矿棉、玻璃棉、耐火纤维，泡沫玻璃、硅酸钙绝热制品、玄武岩纤维、耐温涂料、金属反射绝热材料等。现在已开发出的热导率低于静止空气的纳米孔硅质绝热材料性能优异，引人瞩目。在各太阳能热发电的热输送系统中，对中高温热量传输管道及其热防护材料的研究还集中在金属材料的热防护涂层、防护垫片及其与钢管的结合技术、全陶瓷输热管研究和耐高温密封材料等方面。

3.9　储热系统运行模式

不同热工系统储热模块运行模式会有所差别，为了给出具有一般说明性的结论，这里给出本课题组[22]搭建的中低温槽式光热实验台储热模块运行方式，如表 3-3 所示。

表 3-3　储热系统运行控制策略

时间	工作条件	系统的功率平衡	螺杆膨胀机入口工质温度、压力	螺杆膨胀机入口工质的流量	储热系统运行方式	螺杆膨胀机运行方式
白天	光照资源充足	$P_{集热场} > P_{发电}$	额定参数	额定流量	充热	满负荷
	短时云层遮挡	$P_{集热场} < P_{发电}$	额定参数	低于额定流量	放热	满负荷
傍晚	光照资源不足	$P_{集热场} < P_{发电}$	额定参数	低于额定流量	放热	满负荷
			额定参数	低于额定流量	放热	满负荷
夜晚	无光照	$P_{集热场} \approx 0$	低于额定参数	低于额定流量	放热	部分负荷
		$P_{集热场} \ll P_{发电}$	零	零	停运	停机
极端天气	无光照	$P_{集热场} \approx 0$	零	零	停运	停机

充热过程：监测蒸汽发生器出口及螺杆膨胀机入口的有机工质蒸汽参数，当达到螺杆膨胀机满负荷发电所需参数时，储热系统开始运行。首先检查融盐管路、融盐泵、各个阀门、换热器等的温度值是否在熔盐凝固点温度之上，如果不是，需要先进行预热。当熔盐流入储热罐进行充热过程时，密切监视储热罐内的温度和液位高度，使之维持在设计值内。充热过程完成后关闭充热管路的阀门和熔盐泵。如果遇到天气变化使得传热流体非稳态变化时，需要同时联锁换热器另一侧流体的流量控制装置，保证系统正常运行。

放热过程：监测蒸汽发生器出口及螺杆膨胀机入口的有机工质蒸汽参数，当流量一旦低于螺杆膨胀机满负荷发电所需的参数时，放热模式开始运行。首先检查融盐管路、融盐泵、各个阀门、换热器等的温度值是否在熔盐凝固点温度之上，如果不是，需要先进行预热。当熔盐流出高温储热罐进行放热过程时，密切监视储热罐内的温度和液位高度，使之维持在设计值内。放热过程完成后关闭放热管路阀门和熔盐泵。

3.9.1　储热系统的基本结构

在光热电站中，储热系统是集热岛和常规岛的过渡环节，是连接光向热、热向电转换的重要组成部分。根据运行方式的不同，将储热系统分为主动型和被动型，前者的储热介质通常为流体，而后者通常为固体。对于主动型储热系统，按照传、储介质是否相同,将其分为直接和间接储热系统。对于被动型储热系统,能量传递依靠的是传热流体,热量最终被存储于形状特定的固体结构中,常用材料为混凝土、可浇铸材料和相变材料等。在光热电站中,普遍使用的是主动型储热,工程中常见传、储介质的搭配组合如图 3-10 所示。

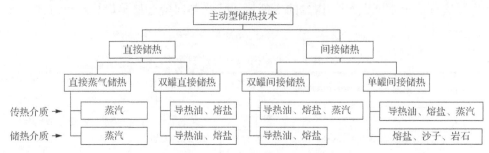

图 3-10 光热电站常见储热技术分类

在图 3-10 中,直接蒸汽系统不适合长时间储热,大规模推广应用严重受限;双罐直接储热系统最大的优点是省去了传、储热介质间的换热器,系统效率高,但熔盐易腐蚀、冻结和泄漏,以至于系统成本高,利润空间小;单罐间接储热系统少用了一个储热罐,而且可以使用价格低廉的填充材料,成本大幅下降,具有一定发展潜力,其难点在于冷、热流体的分离和操控,设计复杂,运维困难。

因此,商业用大型光热电站并未使用上述三种储热形式,而是使用可控性好的双罐间接储热系统,它的系统性能参数表现稳定,管路布置如图 3-11 所示。

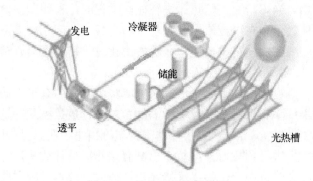

图 3-11 储热系统管网布置

在图 3-11 中,双罐间接储热系统主要包括以下单元:低温熔盐储热罐及其动力泵、高温熔盐储热罐及其动力泵及连接光场和储热岛的油盐换热器。

高、低温储热罐均水平布置,前者的运行温度取决于前端集热效率,后者的运行温度取决于熔盐的凝固温度。油盐换热器放置于两储热罐之间的某一高处,一方面是日常工作中,可以有效降低动力泵的扬程,另一方面是在故障工况时,居高处的熔盐具有一定势能，能够依靠自身重力紧急回流至罐内，避免滞留于管路中，以便工作人员进行集中管理。

3.9.2 储热系统的运行模式

储热系统的独立运行模式分为三种：储热、放热和防凝保护模式。

储热模式即聚光集热系统运行模式，通过变频低温熔盐泵控制低温熔盐的流量，以保证熔盐温度接近油盐换热器出口最高温度。根据储热岛模拟量控制系统的指令，调节熔盐泵的转速来控制进入油盐换热器的熔盐流量，使低温熔盐吸收来自传热介质的热量后，升至额定温度，随后即可送至高温储热罐保存。

根据实时光照和机组容量，储热模式分为单纯储热和复合发电两种类型，如图 3-12 所示。

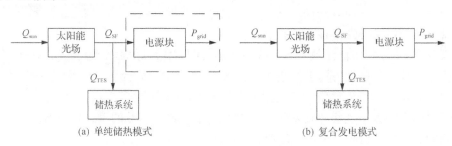

(a) 单纯储热模式　　　　　　　　　　　(b) 复合发电模式

图 3-12　储热模式工艺流程图

放热模式即储热系统提供能量以支持常规岛发电的运行模式。启动高温熔盐泵，熔盐从高温储热罐进入油盐换热器，释放热量，降温后进入低温罐中。同样使用变频器来控制高温熔盐的流量，以控制换热器进出口的介质温度。

与储热模式相似，根据实时光照和上一周期的储热量，放热模式又可分为单纯放热模式和复合放热模式两种类型，如图 3-13 所示。

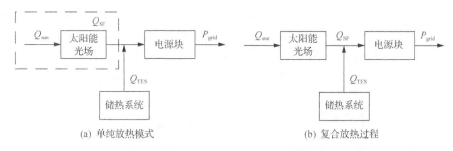

(a) 单纯放热模式　　　　　　　　　　　(b) 复合放热过程

图 3-13　放热模式工艺流程图

防凝保护模式指的是储热系统处于待命模式，开启储热罐内电加热器和储热罐外伴热系统，以防熔盐冻结。

第4章 有机朗肯循环太阳能热发电系统

由于太阳能能流密度低，分散性强，相对而言中低温热能更容易获得，所以中低温太阳能热发电技术也得到了广泛的关注。可用于中低温太阳能热发电的基本循环主要有：有机朗肯循环(organic Rankine cycle，ORC)、斯特林循环、卡琳娜循环、新型氨吸收式动力联合循环等。其中，ORC 具有很大的灵活性以及较高的安全性，同时系统简单，运行控制相对方便，较为适合。中低温发电的热源温度一般在 80～250℃，温度相对较低，如果依然采用水作为工作介质，透平进口压力则会过低，从而导致循环效率低以及透平体积庞大，同时系统还需要设置真空维持系统，缺乏经济性。

利用 ORC 的中低温热发电系统与水蒸气朗肯循环系统相比较，在循环效率、经济性和运行稳定性方面拥有较多的优势，并且 ORC 适合于中小规模系统，系统内部压力普遍高于大气压，冬天亦不容易上冻，适合半自动或自动运行。同时，中低温范围的太阳能集热技术相对成熟，利用低聚焦倍数的槽式集热器实现中温太阳能集热的系统集热效率也较高。

因此，将 ORC 技术与中低温太阳能集热技术相结合形成中低温太阳能热发电系统，具有很好的潜力，此类系统的占地面积小，结构紧凑，组织灵活。

4.1 ORC 发电系统及其工作过程

4.1.1 ORC 发电系统概述

ORC 是以低沸点有机工质，如氟利昂、烷烃类等，代替水作为循环工质的朗肯循环。低品位余热 ORC 发电系统主要由蒸发器、膨胀机、冷凝器、工质驱动泵等主要设备，以及阀门、管路、测量控制仪表等连接或辅助部件组成。采用有机朗肯循环的低品位余热发电系统具有结构简单、工作压力适宜、效率高、应用前景广阔等优点，尤其适用于回收窑炉烟气、海洋温差能，以及温度不高的地热能、太阳能等品位相对较低的热能[23-27]。

4.1.2 ORC 发电系统工作过程

ORC 余热回收系统由工质泵、蒸发器、有机透平及冷凝器等设备组成，如图4-1 所示。有机工质经工质泵加压后进入蒸发器，产生蒸汽进入有机透平膨胀做功，驱动发电机工作。有机透平排出的乏汽进入冷凝器后凝结相变产生冷凝液，冷凝器中排出的冷凝液进入工质泵加压,完成一个循环。

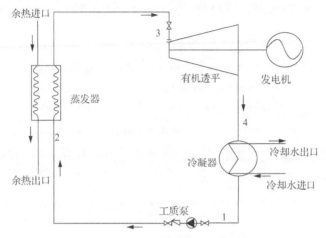

图 4-1　有机朗肯循环发电系统原理

4.2　ORC 发电系统的热力分析及组件模型

4.2.1　ORC 发电系统的热力分析

图 4-2 为 ORC 发电系统的温熵图。其中,虚线曲线表示干性有机工质的 *T-s* 曲线;两条竖直的虚线表示有机工质的等熵变化过程,点 2s 和点 6s 分别表示有机工质绝热膨胀和绝热压缩过程的理想状态终点;由点 1-8 连成的封闭实线表示 ORC 系统中有机循环工质的实际变化过程,实线上的每个点均代表有机工质在某一时刻下的工作状态参数。

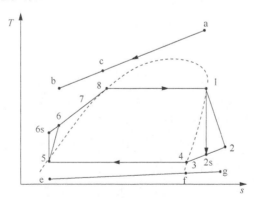

图 4-2　有机朗肯循环发电系统 *T-s* 图

与传统水蒸气朗肯循环的工作过程相似,ORC 系统的理想循环过程也包括了绝热压缩(5-6s)、定压吸热(6s-1)、绝热膨胀(1-2s)和定压放热(2s-5)4 个过程。

(1)状态点 5-6，为有机工质在工质加压泵中的实际压缩过程，在被加压过程中，有机工质接受外功量为

$$\omega_{wf,pump} = h_6 - h_5 \tag{4-1}$$

式中，$\omega_{wf,pump}$ 为单位质量有机工质接受的外功量，kJ/kg；h_5、h_6 分别为有机工质在工质泵进、出口的比焓，kJ/kg。

状态点 5-6s 为理想状态下有机工质的等熵压缩过程，与状态点 5-6 所表示的实际压缩过程十分接近(在 T-s 图上点 6s 和点 6 几乎重合，为方便区分，图上夸大了两个状态点的位置)，等熵压缩过程 5-6s 与实际压缩过程 5-6 有如下关系：

$$\eta_{is,pump} = \frac{h_{6s} - h_5}{h_6 - h_5} \tag{4-2}$$

式中，$\eta_{is,pump}$ 为工质泵的绝热压缩效率；h_5、h_{6s} 分别为有机工质等熵压缩过程中在工质泵进、出口时的比焓，kJ/kg。

据此，可以计算得到有机工质在状态点 6 时的比焓：

$$h_6 = h_5 + \frac{h_{6s} - h_5}{\eta_{is,pump}} \tag{4-3}$$

(2)状态点 6-7-8-1，为有机工质在蒸发器中的等压吸热过程，该过程包括预热、蒸发和过热三个阶段，有机工质的总吸热量为

$$q_{wf,eva} = h_1 - h_6 \tag{4-4}$$

式中，h_6、h_1 分别为有机工质等压吸热过程中在蒸发器进、出口处的比焓，kJ/kg。

(3)状态点 1-2，为有机工质在膨胀机内膨胀做功的过程，由有机工质高压蒸气膨胀产生的做功量为

$$\omega_{wf,turb} = h_1 - h_2 \tag{4-5}$$

式中，$\omega_{wf,turb}$ 为单位质量有机工质膨胀时的对外做功量，kJ/kg；h_1、h_2 分别为有机工质在膨胀机进、出口的比焓，kJ/kg。

状态点 1-2s 为理想状态下有机工质在膨胀机内的等熵膨胀过程，它与状态点 1-2 表示的实际膨胀过程有如下关系：

$$\eta_{i,turb} = \frac{h_1 - h_2}{h_1 - h_{2s}} \tag{4-6}$$

式中，$\eta_{i,turb}$ 为膨胀机的相对内效率；h_1、h_{2s} 分别为理想状况下有机工质等熵膨

胀过程中在膨胀机进、出口的比焓，kJ/kg。

通常情况下，膨胀机的相对内效率会受到很多因素的影响，为了简化将其按定值计算；对于温度和压力变化幅度不大的低品位余热 ORC 系统来说，这种简化处理并不会引起较大的误差，具有一定的合理性[23]。

（4）状态点 2-4-5，为有机工质在冷凝器中的定压冷却过程，在该过程中有机工质由过热蒸汽冷凝到饱和蒸气，再由饱和蒸气继续冷却到饱和液态，最后冷却至具有一定过冷度的过冷液，冷却过程中有机工质释放的总换热量为

$$q_{\mathrm{wf,con}} = h_2 - h_5 \tag{4-7}$$

式中，h_2、h_5 分别为有机工质冷却过程中在冷凝器的进、出口处的比焓，kJ/kg。

4.2.2　蒸发器热交换模型

通常，对于大型中高温余热发电项目，蒸气发生器一般使用余热锅炉等大型换热设备；而对于小型的低品位余热发电系统，则一般采用单级的逆流式蒸发器。

在低品位余热 ORC 发电系统的蒸发器内，温度较高的余热介质与从工质泵来流的低温有机工质进行间壁式换热。热源侧的余热流经蒸发器，将热量传递给较低温度的有机工质，本身温度降低；工质侧的有机工质采用逆流形式进入蒸发器，被余热介质加热，本身温度升高；液态有机工质依次经历预热、蒸发和过热三个阶段，最终变为过热蒸气进入膨胀机做功，如图 4-3 所示。

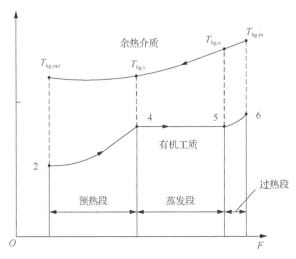

图 4-3　ORC 系统中蒸发器内换热过程

ORC 系统中蒸发器内换热过程如图 4-3 所示，余热介质侧和有机工质侧的状态点参数标注如图所示，余热烟气流经蒸发器所释放的热量为

$$\dot{Q}_{hg,eva} = \overline{C}_{p,hg} \dot{m}_{hg} (T_{hg,in} - T_{hg,out}) \tag{4-8}$$

式中，$\dot{m}_{hg}$ 为余热烟气的质量流量，kg/s；$\overline{C}_{p,hg}$ 为余热烟气的平均定压比热容，kJ/(kg·℃)；$T_{hg,in}$、$T_{hg,out}$ 分别为余热烟气在蒸发器的进、出口温度，℃。

由于发生在蒸发器内的换热过程温度相对较高，换热器设备壳体的散热损失较大，余热烟气的放热量 $\dot{Q}_{hg,eva}$ 往往不能被有机工质完全吸收，存在一定的热损失率，热损失率通常为 2%~3%[28]。故有如下的热平衡关系：

$$\dot{Q}_{in} = \dot{Q}_{hg,eva}(1 - \xi_Q) \tag{4-9}$$

式中，$\dot{Q}_{in}$ 为有机工质通过蒸发器所获得的热量，kJ/s；ξ_Q 为蒸发器由于壳体散热等原因造成的热损失率。

考虑到蒸发器内换热过程的平均温度高于冷凝器，并且蒸发器的设备体积远大于冷凝器，其散热面积也远大于冷凝器。同时也考虑到冷凝器内换热过程的平均温度已经相对较低，与环境的温差相对较小，本书中蒸发器内换热过程的热损失率按 2% 计算，而冷凝器中忽略换热过程的热损失率。

根据温度分布和夹点的相关理论，蒸发器内余热烟气从蒸发段进入到预热段时的温度可由下式得到

$$T_{hg,y} = T_4 + \Delta T_{pp} \tag{4-10}$$

式中，ΔT_{pp} 为换热窄点温差，℃。

换热窄点温差是指蒸发器内换热过程中余热介质与恰好处于饱和液态时的有机工质之间的最小温差，即图 4-3 中 $T_{hg,y}$ 与 T_4 之间的温差。根据余热介质与有机工质在蒸发段和过热段的热平衡方程：

$$\dot{m}_{wf}(h_6 - h_4) = \overline{C}_{p,hg} \dot{m}_{hg} (T_{hg,in} - T_{hg,y})(1 - \xi_Q) \tag{4-11}$$

可得余热烟气与有机工质的质量流量比（下文简称流量比）为

$$y = \frac{m_{hg}}{m_{wf}} = \frac{h_6 - h_4}{C_{p,hg}(T_{hg,in} - T_{hg,y})(1 - \xi_Q)} \tag{4-12}$$

式中，y 为余热烟气与有机工质的质量流量比；$T_{hg,y}$ 为图 4-3 上相应状态点的温度，℃。

根据余热介质与有机工质在过热段的热平衡方程：

$$\dot{m}_{wf}(h_6 - h_5) = \overline{C}_{p,hg} \dot{m}_{hg} (T_{hg,in} - T_{hg,x})(1 - \xi_Q) \tag{4-13}$$

可得蒸发器中余热烟气在蒸发段出口（过热段入口）处的温度为

$$T_{\text{hg,x}} = T_{\text{hg,in}} - \frac{\dot{m}_{\text{wf}}(h_6 - h_5)}{\overline{C}_{\text{p,hg}} m_{\text{hg}}(1 - \xi_Q)} \tag{4-14}$$

根据余热介质与有机工质在预热段的热平衡方程：

$$\dot{m}_{\text{wf}}(h_4 - h_2) = \overline{C}_{\text{p,hg}} \dot{m}_{\text{hg}}(T_{\text{hg,y}} - T_{\text{hg,out}})(1 - \xi_Q) \tag{4-15}$$

可得余热烟气在蒸发器出口的温度为

$$T_{\text{hg,out}} = T_{\text{hg,y}} - \frac{\dot{m}_{\text{wf}}(h_4 - h_2)}{\overline{C}_{\text{p,hg}} m_{\text{hg}}(1 - \xi_Q)} \tag{4-16}$$

4.2.3　冷凝器热交换模型

在中小型的低品位余热 ORC 发电系统中，冷凝设备通常采用单级的逆流式换热器。从膨胀机来流的有机工质蒸气乏汽温度较高，通过冷凝器将热量传递给温度较低的冷却介质，本身温度降低。在冷凝器内，有机工质蒸气不断放出热量，分别经历预冷、冷凝、过冷三个阶段，最终变为低温液态工质流回储液罐储存。冷凝器内的换热过程如图 4-4 所示。

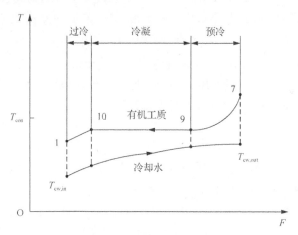

图 4-4　ORC 系统中冷凝器内换热过程

有机工质流经冷凝器释放的热量可以通过下式表示：

$$\dot{Q}_{\text{wf,con}} = \dot{m}_{\text{wf}}(h_7 - h_1) \tag{4-17}$$

式中，$\dot{m}_{\text{wf}}$ 为有机工质的质量流量，kg/s；h_7、h_1 分别为有机工质在冷凝器进、出口的比焓，kJ/kg。

考虑到动力循环的冷凝温度与环境温度相差不大，热量耗散损失非常小，因此在冷凝器的热平衡方程中计入换热器的热损失率 ξ_Q，故有

$$\dot{m}_{wf}(h_7 - h_1) = \dot{m}_{cw}(h_{cw,out} - h_{cw,in}) \tag{4-18}$$

式中，$\dot{m}_{cw}$ 为冷却回路中冷却水的质量流量，kg/s；$h_{cw,out}$、$h_{cw,in}$ 分别为冷却水在冷凝器进、出口的比焓，kJ/kg。

根据式(4-18)，可以求出流经冷凝器的冷却水质量流量：

$$\dot{m}_{cw} = \frac{\dot{m}_{wf}(h_7 - h_1)}{h_{cw,out} - h_{cw,in}} \tag{4-19}$$

考虑到在较小的温升范围内冷却水的比定压热容变化并不大，故取冷却水在温度变换范围内的平均比定压热容值，根据冷凝器中热平衡方程，有

$$\dot{m}_{wf}(h_7 - h_1) = \overline{C}_{p,cw}\dot{m}_{cw}(T_{cw,out} - T_{cw,in}) \tag{4-20}$$

式中，$(T_{cw,out} - T_{cw,in})$ 为冷却水流经冷凝器吸收热量之后的温度变化。

4.2.4 工质增压泵功耗模型

工质增压泵是整个低品位余热 ORC 发电系统中提升压力的设备。在上文关于 ORC 系统动力循环的热力分析中，已经给出了单位质量有机工质所受外功量 $\omega_{wf,pump}$ 的计算公式，但在工质泵耗电功率的计算中并不直接采用这个公式。这是因为，在低品位余热 ORC 发电系统中由工质加压泵产生的压力增升，除了要满足有机工质从冷凝压力到蒸发压力的压力增升之外，还需要克服有机工质在整个循环回路中的流动总阻力，用公式表达如下：

$$p_2 - p_1 = (p_{eva} - p_{con}) + \Delta p_{f,wf} \tag{4-21}$$

式中，p_{eva}、p_{con} 分别为有机工质在循环回路中的蒸发压力和冷凝压力，Pa；$\Delta p_{f,wf}$ 为有机工质在整个循环回路中的流动总阻力，Pa。

ORC 系统循环回路的流动总阻力与管路连接件、设备布置及具体的几何结构有关。鉴于有机工质在管路和设备里的流动情况比较复杂，且工质加压泵消耗功率只占到系统净输出功率的极小部分，因此将有机工质在整个循环管路中的流动总阻力简化为一定值，取 $\Delta p_{f,wf} = 800\text{kPa}$。

有机工质加压泵实际消耗的功率为

$$\dot{W}_{pump,wf} = \frac{\dot{m}_{wf}\displaystyle\int_{p_1}^{p_2} v\mathrm{d}p}{\eta_{is,pump}\eta_{m,pump}} \tag{4-22}$$

式中，p_1、p_2 分别为有机工质在增压泵入口和出口处的压力，Pa；v 为工质的比

容积，m^3/kg；$\eta_{is,pump}$ 为增压泵的绝热压缩效率；$\eta_{m,pump}$ 为增压泵的机械传动效率。

在工质增压泵内，有机工质仍属液体状态。由于液体的不可压缩性，并且也考虑有机工质在增压泵内温度变化不大等因素，式(4-22)可简化为

$$\int_{p_1}^{p_2} v\,dp \approx v_{1,wf}\int_{p_1}^{p_2} dp = v_{1,wf}(p_2-p_1) \tag{4-23}$$

因此，有机工质加压泵在实际工作过程中所耗功率的计算公式为

$$\dot{W}_{pump,wf} = \frac{\dot{M}_{wf} v_{1,wf}\left[(p_{eva}-p_{con})+\Delta p_{f,wf}\right]}{\eta_{is,pump}\eta_{m,pump}} \tag{4-24}$$

4.2.5　冷却水泵功耗模型

冷却水泵用于驱动冷却水流过冷凝器，并带走有机工质蒸气乏汽的剩余热量。对于冷却水泵，其所消耗的功率主要用来克服冷却水在整个冷却回路中的流动阻力，包括沿程阻力和局部阻力等。根据泵的相关理论[29]，冷却水泵消耗的功率为

$$\dot{W}_{pump,cw} = \frac{\rho_{cw} g \dot{V}_{cw} H_{cw}}{1000\eta_{pump,cw}} = \frac{\dot{m}_{cw} g H_{cw}}{1000\eta_{pump,cw}} \tag{4-25}$$

式中，$\dot{V}_{cw}$ 为流经水泵的冷却水体积流量，m^3/s；$\dot{W}_{pump,cw}$ 为冷却水泵消耗的功率，kW；ρ_{cw} 为流体密度，kg/m^3；H_{cw} 为冷却水泵的扬程，m；$\eta_{pump,cw}$ 为循环水泵的总效率。

4.3　ORC 发电系统的性能指标

ORC 的大多数研究都离不开循环性能分析与优化，且 ORC 与中低温热源相结合的应用中，循环系统参数的优化成了设计过程中必不可少的重要环节。而进行系统优化的前提是建立相应的性能指标，即目标函数。性能指标的选择往往会对系统的优化结果产生重要的影响。以下就有机朗肯循环发电系统的性能指标进行介绍。

4.3.1　ORC 发电系统的循环热效率和循环㶲效率

根据热力学上的定义，ORC 系统动力循环的热效率等于循环系统的净输出功率与有机工质从热源中实际吸收热量的比值，可表示如下：

$$\eta_{\text{th}} = \frac{\dot{W}_{\text{net}}}{\dot{Q}_{\text{in}}} \times 100\% \tag{4-26}$$

式中，$\dot{W}_{\text{net}}$ 为整个 ORC 发电系统的净输出功率，kW；$\dot{Q}_{\text{in}}$ 为 ORC 系统中有机工质在蒸发器内从余热烟气中获得的实际吸热量，kW。

"热效率"仅反映了能量转换在数量上的关系，为了全面衡量余热回收利用和转换的效益，还可以从反映余热资源数量和质量的㶲角度出发，采用"㶲效率"来表示能量回收系统中㶲的回收利用效益。

低品位余热 ORC 发电系统的实际工作过程中，由于各种不可逆因素造成了 ORC 系统的内部㶲损失，这部分内部㶲损失最终转变成"㶲"，并反映为系统熵增。循环㶲效率可被用来表示和衡量能量转化装置的实际循环接近理想循环的程度，即设备装置的热力学完善度[24]。系统循环效率等于系统净输出功率与热量㶲的比值，可由下式表示：

$$\eta_{\text{ex,cycle}} = \frac{\dot{W}_{\text{net}}}{\Delta \dot{E}_{\text{x,wf,eva}}} \times 100\% \tag{4-27}$$

式中，$\eta_{\text{ex,cycle}}$ 为 ORC 系统动力循环的循环㶲效率；$\Delta \dot{E}_{\text{x,wf,eva}}$ 为有机工质吸收热量所增加的㶲，kW。

㶲效率与热效率有本质上的区别，㶲效率是以可用能为基础的，而热效率只考虑了能量的数量关系，没有涉及能量品位的高低。但是，㶲效率与热效率这两者在本质上又存在一定的内在联系，两者的变换关系可表示如下：

$$\eta_{\text{th}} = \frac{\dot{W}_{\text{net}}}{\dot{Q}_{\text{in}}} = \frac{\Delta \dot{E}_{\text{x,wf,eva}}}{\dot{Q}_{\text{in}}} \frac{\dot{W}_{\text{net}}}{\Delta \dot{E}_{\text{x,wf,eva}}} = \lambda_{\text{q,wf}} \eta_{\text{ex,cycle}} \tag{4-28}$$

式中，$\lambda_{\text{q,wf}}$ 为蒸发器内有机工质所获热量的能级。

从上式可以看出，ORC 系统循环热效率等于循环㶲效率与工质所获热量能级的乘积，两者之间存在特定的数量关系。

4.3.2　ORC 发电系统的总热回收效率和总㶲回收效率

正如上述关于系统循环热效率和循环㶲效率的计算公式一样，一般地，热力系统的效率可定义为获得的收益除以付出的代价。

对于低品位余热 ORC 发电系统，净收益为系统净输出功率 $\dot{W}_{\text{net}}$，而付出的代价除了被蒸发器回收的那部分能量之外，还应该包括从蒸发器出口排放到环境中的那部分能量。这是因为在 ORC 发电系统中从蒸发器出来的余热烟气经放热降温之后，其能量品位已经很低，难以再被回收利用，通常被直接排放掉，这部分被直接排放的能量就构成了余热资源回收利用过程中的外部能量损失。

为全面衡量余热回收过程中能量的转换效果和余热资源中㶲的利用程度，本书考虑了余热资源回收过程中的外部热损失和㶲损失，并针对低品位余热 ORC 发电系统定义了总热回收效率和总㶲回收效率，分别用符号 η_i 和 η_{ex} 表示，相关计算关系式如下：

$$\eta_i = \frac{\dot{W}_{net}}{\dot{Q}_{hg,in}} \times 100\% \tag{4-29}$$

$$\eta_{ex} = \frac{\dot{W}_{net}}{\dot{E}_{hg,in}} \times 100\% \tag{4-30}$$

式中，$\dot{W}_{net}$ 为整个 ORC 发电系统的净输出功率，kW；$\dot{Q}_{hg,in}$ 为余热介质从蒸发器入口状态变化到环境温度时所能释放的总热量，即投入到低品位余热 ORC 发电系统总的余热量，kW；$\dot{E}_{hg,in}$ 为余热介质进入 ORC 系统之前初始状态时的㶲，kW。

同样，ORC 系统的总热回收效率与总㶲回收效率之间也存在一定的计算关系，系统总热回收效率等于系统总㶲回收效率与余热能级的乘积，公式推导如下：

$$\eta_i = \frac{\dot{W}_{net}}{\dot{Q}_{hg,in}} = \frac{\dot{W}_{net}}{\dot{E}_{hg,in}} \frac{\dot{E}_{hg,in}}{\dot{Q}_{hg,in}} = \eta_{ex} \lambda_{q,hg} \tag{4-31}$$

式中，$\lambda_{q,hg}$ 为余热烟气本身的能源品级，即余热能级。

可见，余热资源回收效益的优劣，一方面取决于余热资源的能量品级，另一方面也依赖于热力转换设备及系统组成的热力完善性。因此，在余热回收项目中，为实现更高的系统热回收效益，一方面需要按照"能量梯级利用"的原则优先回收能源品级相对较高的余热资源，另一方面也需要优化和提高系统设备的各项性能，尽量减少系统不可逆损失，从而提高系统能量转化效率。

4.3.3　ORC 发电系统的净输出功率和总㶲损失

在低品位余热 ORC 发电系统中，膨胀机是输出有用功的唯一装置，而工质泵和冷却水循环泵均为主要的耗能装置，这些设备均需要消耗电功率。因此，系统获得的净收益等于膨胀机的轴功率减去工质泵和冷却水泵两者的耗功量，系统净输出功率的计算公式表示如下：

$$\dot{W}_{net} = \dot{W}_{turb} - \dot{W}_{pump,wf} - \dot{W}_{pump,cw} \tag{4-32}$$

式中，$\dot{W}_{net}$ 为整个 ORC 发电系统的净输出功率，kW；$\dot{W}_{turb}$ 为膨胀机的输出轴功率，kW；$\dot{W}_{pump,wf}$、$\dot{W}_{pump,cw}$ 分别为有机工质泵和冷却水泵所消耗的电功率，kW。

不论是低品位余热 ORC 发电系统中各组件产生的系统内部损失，还是由于散热、摩擦等因素或是向外排热排气造成的外部㶲损失，都归结为 ORC 系统总㶲损失。对于整个 ORC 发电系统来说，余热在 ORC 系统入口处的㶲值为系统的输入，而输出系统唯一的有价值的收益为净输出功率。因而㶲系统的总㶲损失量为

$$\Sigma \dot{I}_{ORC} = \dot{E}_{x,hg,in} - \dot{W}_{net} \tag{4-33}$$

式中，$\Sigma \dot{I}_{ORC}$ 为低品位余热 ORC 发电系统在工作过程中的总㶲损失量，kW；$\dot{E}_{x,hg,in}$ 为余热在蒸发器入口处的㶲流量，kW。

4.3.4 ORC 发电系统中单位质量烟气的净输出功

为考察和衡量采用低品位余热 ORC 发电系统回收每一单位量的余热所产生的效益，本书还计算了单位质量的余热通过 ORC 系统所能回收获得的净功量，并将其作为一项重要的性能指标，计算公式为

$$\omega_{net,per,hg} = \frac{\dot{W}_{net}}{\dot{m}_{hg}} \tag{4-34}$$

式中，$\omega_{net,per,hg}$ 为单位质量余热的净输出功，kJ/kg。

采用单位质量余热净输出功(在本书以下部分将简称为单位净输出功)作为 ORC 系统的一项重要指标，有利于客观地评价系统的优劣性，同时也便于同一余热能级但不同容量 ORC 发电系统在技术经济上的直观比较。

4.3.5 ORC 发电系统的热污染指标——热排放量

热污染是一种能量污染，是指因工业生产和人类日常活动对外排放废热所造成的一种环境污染。造成热污染最直接也最根本的原因，是能源没有被最有效、最合理地使用，它可以污染大气和水体，在经过一系列变化反应之后，最终将导致对环境和生态平衡的影响。然而，由于目前热污染问题并未引起人们的足够重视，至今没有出台有关环境热污染的控制标准，也没有特定的指标来衡量热污染对环境的污染程度。

采用低品位余热 ORC 发电系统对余热资源进行回收利用的过程中，必然还存在向环境直接排放废气余热的现象，直接向环境排放废热及设备散热损失等现象就造成了环境的热污染问题。

本书在对低品位余热 ORC 发电系统优化设计的过程中，在考虑 ORC 系统的技术完善性和成本经济性之外，还充分考虑了系统的环保性，以尽量减少 ORC 系统对环境的热污染。因此，本书提出采用热排放量来衡量 ORC 系统对环境造成热污染的严重程度。

在采用 ORC 系统回收利用余热资源的过程中，系统向环境排放的热污染主要包括从蒸发器尾端排放的废弃烟气、有机工质向冷凝器排放的多余热量、蒸发器设备壳体散热损失及其他由于散热等因素导致的热排放。由于其他设备的散热损失基本可以忽略，因此，本书主要计算前三类导致热污染的热排放量：

$$\dot{Q}_{\text{waste}} = \dot{Q}_{\text{hg,out}} + \dot{Q}_{\text{wf,con}} + \xi_{\text{Q}}\dot{Q}_{\text{hg,eva}} \tag{4-35}$$

式中，$\dot{Q}_{\text{waste}}$ 为 ORC 发电系统对环境的总热排放量，kW；$\dot{Q}_{\text{hg,out}}$ 为蒸发器出口处废弃烟气的环境热排放量，kW；$\dot{Q}_{\text{wf,con}}$ 为有机工质通过冷凝器最终排向环境的热排放量，kW；ξ_{Q} 为蒸发器换热过程的热损失率；$\dot{Q}_{\text{hg,eva}}$ 表示余热烟气经过蒸发器所传递的热量，kW。

4.3.6　ORC 发电系统的经济性指标——换热器 UA 值

在换热器计算中，通常会采用 UA 值来表示换热面积与总换热系数的乘积，当换热器型号确定时，其总换热系数也基本确定。因此，换热器的 UA 值越大，则换热面积越大，换热器的设备成本也就越大。有研究指出，在 ORC 发电系统中换热器设备的投资成本所占比重非常高，通常会占到整个 ORC 发电系统总投资的 80%～90%；因此，换热器的设备成本很大程度上可以反映和代表整个 ORC 发电系统经济性的好坏[30-33]。换热器 UA 值的定义式如下：

$$\text{UA} = \frac{Q}{\Delta t} \tag{4-36}$$

式中，Q 为总换热量，kW；Δt 为传热温差，K。

在具体计算中，由于传热过程并非发生在两个温度恒定的热源和冷源之间，需采用平均传热温差进行计算。为了减小误差，本章将蒸发器和冷凝器中发生的换热过程分段计算，得到每段的 UA 值，再累加即为总 UA 值。下面以蒸发器为例，详细介绍计算过程。

蒸发器中的换热过程首先分成 3 个大段：预热段、蒸发段、过热段，然后再将每一大段分为 20 小段，分别计算。例如，对于预热段，其计算过程如下。

经过预热，工质由状态点 2 到达状态点 4。分成 20 段，故每段工质吸热为

$$\Delta Q = \dot{m}_{\text{wf}}(h_4 - h_2)/20 \tag{4-37}$$

对于第一小段，工质吸热后焓值变为

$$h_{wf,11} = h_2 + \Delta Q / \dot{m}_{wf} \tag{4-38}$$

又由于压力为蒸发压力，故可查表得到其温度 $T_{wf,11}$。

同样，余热烟气在第一小段处对应焓值为

$$h_{hg,11} = h_{hg,c} + \Delta Q / \dot{m}_{hg} \tag{4-39}$$

式中，$h_{hg,c}$ 表示余热烟气在蒸发器的出口焓值，进一步可查表得到其温度 $h_{hg,11}$。

因此，在该段内，平均传热温差为

$$\Delta t_{11} = \frac{T_{hg,11} + T_{hg,c}}{2} - \frac{T_{wf,11} + T_{wf,c}}{2} \tag{4-40}$$

式中，$T_{wf,c}$ 为工质在状态点 2，即蒸发器入口的焓值。

进一步的，该段内 UA 值为

$$UA_{11} = \frac{\Delta Q}{\Delta t_{11}} \tag{4-41}$$

其他段的计算与此类似，最后全部相加即得到换热器的 UA 值。

第 5 章　太阳能 ORC 发电系统的工质研究

工质的物性对动力循环的性能影响较大，有机工质的选择和物性研究是低温余热发电有机朗肯循环技术研究必需的基础和重要内容。目前，国际上对水蒸气朗肯循环所使用的工质水的物性计算方法进行了系统和深入的研究，制定了水的物性计算国际统一标准，如 1967 年国际公式化委员会通过 IFC-67 水和水蒸气热力性质计算公式及最新通过的国际标准 IAPWS-IF97，在国际范围内规范了水的物性计算方法。但对于有机工质，尤其是很多新研制的工质，对其物性的研究尚不深入，更无统一的国际标准可循。

5.1　水与有机工质的特性对比

热功转换系统工质的选择对循环热力学性能有重要的影响。由于种类繁多，筛选高效、环保、无毒的太阳能循环专用工质，是决定一个循环系统是否能够达到高效运行的关键因素。对于循环发电系统而言，在保证系统运行可靠的前提下，有很多因素需要考虑，理想的朗肯循环工质一般从以下四个方面考虑：

(1)热物理性能。系统正常运行对工质的热物性如临界点、沸点、黏度、比热等有一定的要求。

(2)环保性能。随着世界对环境污染问题的重视，环境因素已成为了工质选择的重要标准。应该选用臭氧耗损值(ODP)和全球变暖潜值(GWP)较低的工质。

(3)安全性能。工质的安全性主要指工质的毒性、易燃易爆性及对设备的腐蚀性。为避免工质的泄漏对人体或者设备造成的不良影响，工质应该尽量选择无毒、燃烧性差，以及无腐蚀性的物质。

(4)价格、成本要求。循环工质价格应便宜，成本低廉。

5.1.1　水工质和有机工质定性的比较

有机朗肯循环与水蒸气朗肯循环的原理相同，但有机工质和水工质的性质存在着很大的差别，主要集中于以下几个方面：

(1)工作压力的区别。在相同的工作温度下，水蒸气朗肯循环的蒸发压力和冷凝压力较低，且其冷凝压力远低于大气压力，将使系统低压侧的密封要求极高，需要配备专门的设备(如真空泵)来保证冷凝压力。而对于 ORC 来说，其工作压力一般在 0.2M～2MPa 之间，这样的压力对系统蒸发器的要求较高。如图 5-1 所示。

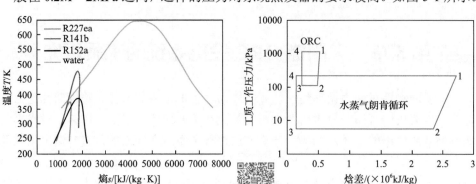

图 5-1　水工质和有机工质工质压力和焓降的区别(彩图扫二维码)

　　(2)焓降的区别。水蒸气朗肯循环的焓降比有机朗肯循环的焓降大很多，这就使得水蒸气朗肯循环的膨胀机不如有机朗肯循环的简单。当然，这也导致输出相同功率，ORC 需要的工质的流量更大，带来了较大的流动损失和泵功率消耗。

　　(3)余热回收率的区别。水在两相膨胀段吸收的潜热占据了很大的部分，其换热面积较小，经济性较好。而在 ORC 发电系统中，低沸点工质在预热段的吸热量占据了很高的比例，即显热与潜热的比例明显升高，系统的换热面积较大，而其可以回收更多余热的热量，可以明显提高余热的回收利用率。

　　(4)系统设备的区别。水蒸气朗肯循环需要安装去除钙离子、镁离子的软水系统，同时给水必须经过除氧处理。而对于有机朗肯循环而言，虽不需要这些辅助设备，但各设备和管道需要严格保证系统良好的密封特性，防止工质泄漏。

　　(5)投资与运行。目前在我国，ORC 系统的单位投资超过 10000 元/kW，而水蒸气循环系统的单位投资为 5000～6000 元/kW。ORC 系统的投资要高于水蒸气系统。

　　以上分析只是定性分析了水蒸气朗肯循环与 ORC 的差别，具体的工质性能需要综合考虑系统的热力性、经济性、环保性、系统的造价及安全性等各方面。在定量比较方面，主要是确定两者的比较基准。在 ORC 系统中，一般都是采用低沸点的有机工质，其适用的工况范围是近似相等的，因此在比较不同的有机工质的性能时，通常设定工质的蒸发温度和冷凝温度相同，进而确定系统最优的循环工质。而对于水工质和有机工质的临界温度和压力相差非常大，如果以固有的思路，仅设定蒸发温度和冷凝温度相同为基准进行比较是不合理的。我们在探寻其比较基准方面做了大量的研究工作。

5.1.2　水工质和有机工质定量的比较

1. 定蒸发温度和冷凝温度下比较

以华北电力大学海洋能实验室搭建方案：导热油入口温度为 200℃，热源的输入功率为 100kW 作为初始条件，设定冷凝温度为 40℃，比较有机工质 R141b 和水工质的性能。各指标的变化规律如图 5-2 所示。

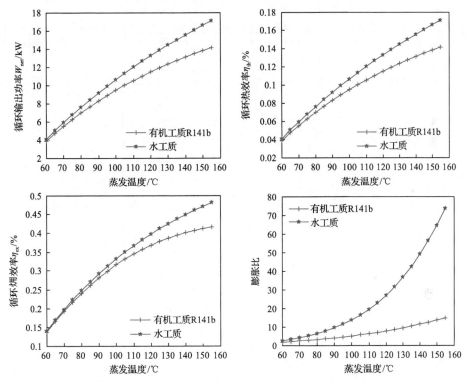

图 5-2　定蒸发温度和冷凝温度下水工质和有机工质的比较

当设定冷凝温度为 40℃时，R141b 的压力为 132.9kPa，而水蒸气的压力仅为 7.4kPa。在蒸发温度为 140℃的时候，R141b 的压力为 1255kPa；水蒸气的压力为 270kPa。虽然水蒸气的蒸发压力不高，但其膨胀比达 36，但此时有机工质的膨胀比仅仅为 9。正是由于膨胀比过大，导致水蒸气朗肯循环的热力性能优于有机朗肯循环。因此在相同冷凝温度和蒸发温度下来比较水蒸气朗肯循环和 ORC 是不够合理的。

2. 定冷凝压力和蒸发压力下比较

以实验室搭建方案：导热油入口温度为 200℃，热源的输入功率为 100kW 作为初始条件，设定冷凝压力都为 130kPa，比较有机工质 R141b 和水工质的性能。各指标的变化规律如图 5-3 所示。

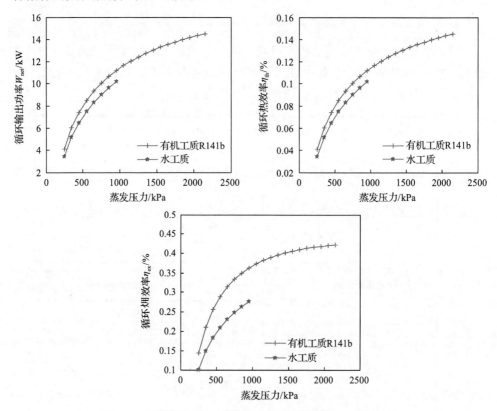

图 5-3　定蒸发压力和冷凝压力下水工质和有机工质的比较

由于设定的冷凝压力是相同的，在相同蒸发压力的情况下，R141b 和水蒸气的膨胀比是相同的，因而 ORC 性能优于水蒸气朗肯循环的性能。但是在蒸发压力为 950kPa 时，水蒸气的蒸发温度为 187.66℃，受热源温度的限制，其蒸发温度不能再升高。而当蒸发压力为 950kPa，R141b 的蒸发温度仅为 125℃。当蒸发压力为 2150kPa 时，其蒸发温度为 173.29℃。由此可以看出，在热源温度为 200℃的条件下，对于水蒸气而言，设定 130kPa 的冷凝压力较高，从而限制了膨胀比的升高，进而使得循环的性能较差。因此，在相同冷凝压力和蒸发压力下比较两者的性能，也是不够合理的。

由以上分析可知，水蒸气朗肯循环和有机朗肯循环存在着很大的差别。据此，需要定量的分析水工质在中低温热利用时所适宜的工况范围。在这个工况范围内，水工质回收中低温热能才是最佳，此时才能进行有机工质和水工质性能的比较。

3. 蒸发压力范围

在不同入口压力下,分别计算膨胀比从4提高到18时饱和水蒸气的等熵焓差。通过图 5-4 可以看出在相同膨胀比下, 随着入口压力的升高, 水蒸气的等熵焓差呈先增长后基本上保持不变的趋势。当入口压力从 100kPa 提高到 400kPa 时, 焓差大概提高了 9%, 而入口压力从 400kPa 提高到 2.5MPa 时, 焓差仅提高了 7%,太高的入口压力并没有带来成倍的焓差增长。所以在保持相同膨胀比的情况下,入口压力保持在 400kPa～1MPa 范围内是比较合理的。如图 5-4(b)所示, 有机工质 R141b 的等熵焓差随着膨胀机入口压力变化规律与水蒸气的大致相同。但是可以看出在相同膨胀比下, 随着入口压力的升高, 有机工质的等熵焓差呈现先增

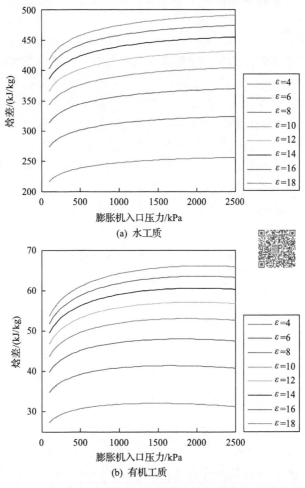

(a) 水工质

(b) 有机工质

图 5-4　不同入口压力下不同膨胀比的等熵焓差的比较(彩图扫二维码)

大而后减小的趋势。这主要是由于随着入口压力的升高到某一值时，工质的状态接近临界状态，此时即为近临界区，工质的热物性会发生较为明显的变化。因而采用有机工质时，应保证其工作在亚临界区。膨胀比相同的情况下，随着入口压力的提高，膨胀机进出口压差的提高，但等熵焓差并没有呈逐步增大的趋势，所以压差并不是影响焓差的最主要的因素。

　　而不同的膨胀比对焓差的影响更明显，当膨胀比从 4 提高到 16 时，焓差提高了 85%。同时可以看到，随着膨胀比的提高，相同膨胀比差之间等熵焓差值越来越小，膨胀比为 8 时的等熵焓差比膨胀比为 4 时高了 44%，而膨胀比为 12 时仅比膨胀比为 8 时，提高了 17%。过高的膨胀比带来的焓差并非等比例上升。对于中低温的热能利用，根据螺杆膨胀机的设计要求，膨胀比一般在 8 左右为最佳。同理，有机工质的膨胀比也应保证在 8 左右。

4. 冷凝压力范围

　　气态有机工质常温下的压力一般在大气压左右，而水蒸气常温下的大气压力非常低，为 5kPa 左右，如表 5-1 所示。当水冷的回水温度为 30℃，冷凝压力为 50kPa 时的冷端温差为 50℃，而 10kPa 时的冷端温差为 15℃，则相同循环水量情况下，冷凝压力为 10kPa 的冷凝器的换热面积至少比 50kPa 增大 4 倍，这将使整个系统的投资增大。在相同入口压力下，增大膨胀比虽然可以增大系统的发电量，但将使膨胀机出口蒸汽的温度降低，需要消耗更多的低温冷量或者更大的冷凝器换热面积。对于常规的蒸汽朗肯循环，由于低压的限制，很难在冷凝温度为 35℃以下实现蒸汽有效膨胀做功，且以目前的真空维持技术，保持 9kPa 以下的真空比较困难。

表 5-1　水工质背压与温度对应表

压力/kPa	温度/℃	压力/kPa	温度/℃
110	102.3	40	75.9
100	99.6	30	69.1
90	96.7	25	65
80	93.5	20	60.1
70	89.9	15	54
60	86.1	10	45.8
50	81.3	5	32.9

　　在不同膨胀比下，分别计算背压从 10kPa 提高到 110kPa 时饱和水蒸气的等熵焓差，如图 5-5(a) 所示。随着膨胀比升高，等熵焓差迅速升高，当膨胀比从 7 提高到 17 时，等熵焓差提高了 48%。同时，相同膨胀比的情况下，水蒸气的等熵焓

差随着背压的升高而升高，当冷凝压力从 10kPa 升高到 60kPa 时，焓差大约提高了 10%，但当背压从 60kPa 升高到 110kPa 时，其焓差仅提高不到 1%。因此在设定水蒸气膨胀机背压(即冷凝压力)时，一般不低于 50kPa，对应水蒸气的温度即为不低于 80℃。

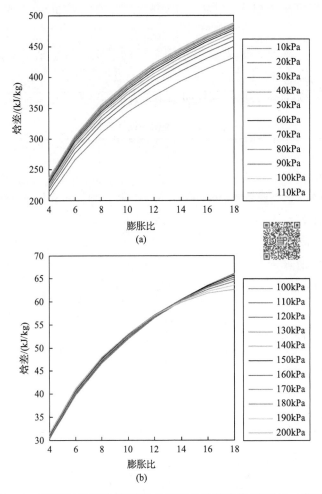

图 5-5　不同背压下不同膨胀比的等熵焓差的比较(彩图扫二维码)

如图 5-5(b)所示，对于有机工质而言，随着膨胀比升高，等熵焓差迅速升高，而背压变化几乎对等熵焓差没有影响。因此在设定有机工质膨胀机背压(即冷凝压力)时，大于大气压即可，一般取 120～150kPa 范围内。

由上述分析可知，影响工质焓差的最主要的因素是膨胀比。在对比分析时，应该按照有机工质和水工质的设计压力原则选定其不同的蒸发压力和冷凝压力，在膨胀比近似相等的情况下，进行其性能的比较。

5.1.3　水工质与有机工质性能的比较

基于 10kW 实验台搭建方案对比。

对于给定一定的热源，工质对热能的利用率高，则其对应的输出功率、热效率、㶲效率、热回收率越高。以此为比较原则，来探讨有机工质与水工质的区别。以实验台搭建方案：温度为 200℃、输入功率为 100kW 的导热油作为热源，温度为 25℃ 的冷却水作为冷源来进行不同工质的对比。设定水工质的冷凝压力为 50kPa，有机工质的冷凝压力为 140kPa，在两者的膨胀比相同的情况下进行两者性能的比较。设定计算的初始条件如表 5-2 所示。

表 5-2　系统初始设计条件

参数描述	符号	值
导热油入口温度	T_7	200℃
热源输入功率	Q_f	100kW
环境温度	T_0	25℃
环境压力	p_0	101.325kPa
冷却水入口温度	T_{10}	25℃
膨胀机的等熵效率	η_t	65%
工质泵的等熵效率	η_p	65%
蒸发器的夹点温差	ΔT_{pe}	10℃
冷凝器的夹点温差	ΔT_{pc}	10℃
蒸发器的过热度	ΔT_{te}	5℃
冷凝器的过热度	ΔT_{tc}	5℃

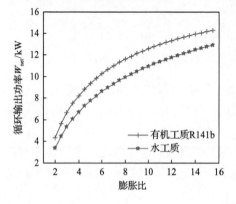
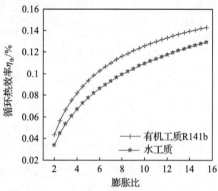

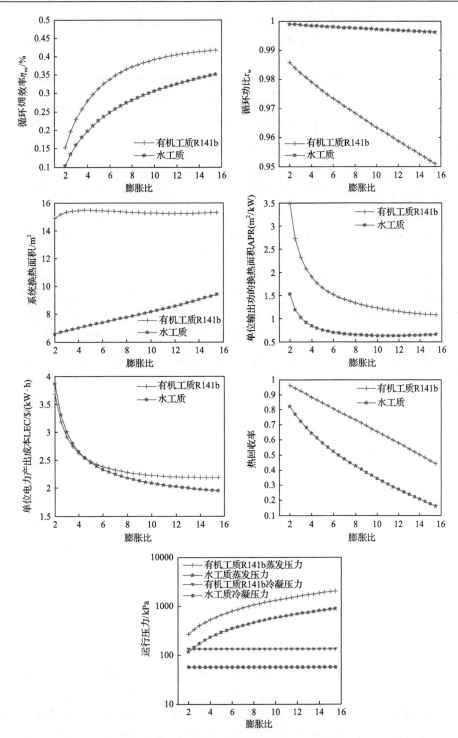

图 5-6　不同膨胀比对水蒸气朗肯循环系统和 ORC 系统性能的影响

由以上变化规律曲线图可以看出：有机朗肯循环系统的各方面热力性能（循环输出功率、热效率、㶲效率）均要优于水蒸气朗肯循环。

5.2　有机朗肯循环工质的选择原则

有机工质大致可按两种方法进行分类：①人工合成工质与天然工质；②纯工质与混合工质。纯工质可分为卤代烃（氟利昂族）、碳氢化合物制冷剂、有机氧化物和环状有机化合物；混合工质可分为非共沸混合工质、近共沸混合工质及共沸混合工质。

低温余热发电有机朗肯循环工质的选择一般应从以下几个方面考虑。

(1)环保性能。很多有机工质都具有不同程度的大气臭氧破坏能力和温室效应，应尽量选用无臭氧破坏能力和温室效应低的工质，如 HFC 类、HC 类和 FC 类碳氢化合物或其卤代烃。

氟氯烃(CFCs)对大气臭氧层破坏作用的研究始于 1974 年，美国两位科学家 Molina 和 Rowland 发表了一篇氟氯烃与大气同温层臭氧含量的减少有主要关系的论文。这观点一经提出，迅速引起各国学术界和政府部门的重视。1976 年联合国环境规划署(UNEP)理事会成立了专门调查委员会，调查氟氯烃对大气臭氧层的破坏问题。经过 10 余年的验证，特别是 1982 年在南极考察发现因臭氧的破坏而形成的空洞以后，多国专家的意见趋于一致。随后便从学术讨论阶段转入国际立法阶段。1985 年 3 月，日本、美国等 28 个国家和地区在维也纳召开会议，肯定了 CFCs 进入臭氧层后，在紫外线照射下的氯、溴离子与臭氧分子发生链式反应，从而破坏臭氧层，接着签署了维也纳《保护臭氧层维也纳公约》。1987 年 9 月又制定了《蒙特利尔破坏臭氧层物质管制议定书》（以下简称《议定书》），规定了受控物质的范围、限制的进程等，并于 1989 年 1 月 1 日生效。1990 年 6 月，日本、美国等在伦敦召开了缔约国第二次会议，对《议定书》进行了修正，并通过了《蒙特利尔议定书修正案》。我国政府于 1991 年 5 月 1 日正式加入《议定书》伦敦修正案，并于 1992 年 8 月 10 日正式生效，拉开了我国政府全面保护大气臭氧层的序幕。由于具有较大的臭氧破坏能力，CFCs 和 HCFCS 类工质已经被国际公约列为禁用或逐渐淘汰产品[34,35]。

有机工质可能造成的另一种环境危害是温室效应。一些气体排放到大气环境中时，便会吸收太阳辐射热量，导致大气层温度不断升高，这类物质统称为温室气体。温室气体的排放越来越引起国际社会的高度关注，很多具有较大温室效应的物质已被列入禁用或逐渐淘汰产品目录。特别值得一提的是，目前学术界普遍存在一种观点：对于封闭的制冷循环或动力循环系统而言，间接温室效应占主要因素，更应从能源转换效率和使用全过程对环境造成的总影响的角度来考察工质的选择，即以总当量温室效应作为评价标准[36-38]。

工质的臭氧破坏能力用臭氧耗损潜值(ozone depletion potential，ODP)来表征，并以制冷剂 R11 的 ODP=1 为基准，其他物质的 ODP 以其与 R11 臭氧耗损潜值的相对值来表示；工质的温室效应一般用全球变暖潜值(global warming potential，GWP)来表征，并以 CO_2 的 GWP=1 为基准，其他物质的 GWP 以其与 CO_2 全球变暖潜值的相对值来表示。工质的 GWP 与三个因素有关：①在大气中的寿命；②吸收红外辐射的能力；③与 CO_2 相比的时间区间框架，一般均将时间区间设定为 100 年。全球变暖潜值用 GWP100 表示，表 5-3 是一些有机工质的臭氧耗损潜值和全球变暖潜值[39-47]。

表 5-3　一些有机工质的 ODP 和 GWP100 值

工质	中文名称	ODP	GWP100	安全性
R41	氟甲烷	0	97	
R125	五氟乙烷	0	2800	A1
R218	八氟丙烷	0	8600	A1
R143a	1,1,1-三氟乙烷	0	3800	A2
R32	二氟甲烷	0	650	A2
R1270	丙烯	0	20	
R290	丙烷	0	11	A3
R134a	1,1,1,2-四氟乙烷	0	1200	A1
R227ea	七氟丙烷	0	2900	
R161	氟乙烷	0	12	
R152a	1,1-二氟乙烷	0	140	A2
RC270	环丙烷	0		
R236fa	六氟丙烷	0	6300	
RE170	二甲醚	0		
R600a	异丁烷	0	20	A3
R236ea	1,1,1,2,3,3-六氟丙烷	0	710	
R600	正丁烷	0	20	A3
R245fa	1,1,1,3,3-五氟丙烷	0	820	
Neo-C5H12	2,2-二甲基丙烷	0		
R601a	异戊烷	0		
R601	正戊烷	0	11	
n-hexane	正己烷	0		

(2)化学稳定性。有机工质在一定的高温高压条件下会分解，生成物可能对设

备材料产生腐蚀，甚至产生爆炸和燃烧，所以要根据余热介质的温度等操作条件来选择合适的循环工质。

(3)工质的安全性(包括毒性、易燃易爆性和对设备管道的腐蚀性等)。为了避免工质对设备管道造成腐蚀及防止操作不当等导致工质泄漏致使工作人员中毒，应尽量选择无毒性或毒性低、对设备管道无腐蚀的流体。

工质的安全性分类考虑到了毒性与燃烧性危险程度。工质的毒性分 A、B 两大类，A 类属于低毒性，B 类属于高毒性；工质按燃烧性分为 1、2、3 三个等级。不可燃工质属于 1 类，具有中度可燃性工质属于 2 类，具有高度可燃性(即易爆炸)工质属于 3 类。

在对工质的毒性及可燃性的要求上，尚存在一些争议。例如，以德国为代表的一些西方国家建议采用碳氢化合物时，可降低对其毒性及可燃性方面的要求[48]。因工质的毒性一般具有瞬时性和局域性，从毒性发挥作用的角度来看，安全性得到保障的程度主要取决于污染物质聚集的浓度和暴露的时间，虽然理论上应尽量选用无毒性或毒性低的工质，但对于封闭的制冷或动力循环系统而言，只要有可靠的技术防范措施，毒性也不会成为选择工质的重要标准。由于工质在运行过程中处于完全与氧气隔绝的状态，没有燃烧及爆炸的可能性，可能发生可燃及爆炸的危险主要在工质泄漏的特殊情况下。在泄漏量不多的情况下，因达不到爆炸极限，也不会发生爆炸。随着科学技术的不断发展，工质的可燃及爆炸危险性将不再成为一种唯一的排他性评判标准。

(4)工质的临界参数、正常沸点及凝固温度。因为冷凝温度受环境温度的限制，能调节的范围有限，所以要求工质的临界温度不能太低，否则导致凝结压力太高。为了使工质在循环过程中不凝固、不堵塞管路，工质的凝固温度应小于循环中可能达到的最低温度。

(5)工质的流动及换热性能。为了减小换热面积和流动阻力，节省投资和降低用于克服流动阻力的功耗，一般尽量选用对流换热系数高、黏度较低的循环工质。

(6)价格、成本要求。循环工质应尽量廉价、易购买。

5.3　纯工质热力性质计算方法

确定热力循环中工质在各状态点的热力参数，可采用查表法及计算法两种方法，为了对各循环参数进行优化，以及对一些新工质的循环性能进行快速预测和筛选，一般需要采用状态方程(EOS)方法对工质的热力性质进行计算。状态方程是以热力学模型为基础，结合实验结果得出工质的 PVT 关联式。状态方程法可在直到临界及超临界状态很宽的压力和温度范围内，比较准确地计算和预测工质的热力性质。在计算工质 PVT 性质的基础上，再结合热力学一般关系式，便可计算

出其比焓 h、比熵 s 等热力参数。

工质的状态方程有很多形式[36]，其中具有代表性的有：维里方程（Virial EOS）；立方型状态方程，如 van der Waals（VDW）方程、Peng-Robinson（PR）状态方程、Redlick-Kwong（RK）方程、Redlick-Kwong-Soave（RKS）方程、Patel-Tejia（PT）方程、Carnahan-Starling-de Santis（CSD）状态方程等；多参数半经验状态方程，如 Benedict-Webb-Rubin（BWR）方程、Martin-Hou（MH）方程、Starling 改进的 BWR（BWRS）方程；以及近年来发展起来的 Helmholtz 自由能形式的状态方程等。

总体而言，多参数状态方程由于包含大量需要根据实验数据，拟合得出的参数，因此具有较高的计算精度，但其通用性与计算速度也因此受到限制。此外，对于一些新工质，目前能取得的实验数据有限，很难采用这些多参数状态方程进行新工质热力性质的预测、筛选及循环优化等方面的计算工作。由于工质物性计算模块处于系统性能模拟及优化程序的最底层，在程序执行过程中会被反复大量调用，所以其计算速度与通用性至关重要。

从后面的大量计算结果可以看出，PR 状态方程计算精度完全可以满足实际工程应用的需要，因此，这里采用通用性较好的 PR 方程作为纯工质及混合工质热力性质的计算模型。

5.3.1　PR 状态方程

1976 年 Peng 和 Robinson 在改进 RK 方程的基础上，提出了二参数状态方程，该方程的形式如下[49]：

$$p = \frac{RT}{v-b} - \frac{\alpha(T)}{v(v+b) + b(v-b)} \tag{5-1}$$

式中

$$\alpha(T) = \alpha(T_c)\alpha(T_r, \omega) \tag{5-2}$$

$$\alpha(T_c) = \frac{0.45724R^2T_c^{\,2}}{p_c} \tag{5-3}$$

$$b(T) = b(T_c) = \frac{0.07780RT_c}{p_c} \tag{5-4}$$

$$\alpha(T_r, \omega) = \left[1 + k(1 - T_r^{\,0.5})\right]^2 \tag{5-5}$$

$$k = 0.37464 + 1.54226\omega - 0.26992\omega^2 \tag{5-6}$$

式中，R 为气体常数，J/(kg·K)；p 为工质压力，Pa；T 为工质温度，K；v 为工质比体积，m³/kg；p_c 为工质临界压力，Pa；T_c 为工质临界温度，K；$T_r = \dfrac{T}{T_c}$ 为工质无量纲对比温度；ω 为工质的偏心因子。

ω 表示工质分子的偏心性或其非球形程度，是流体很重要的物性常数，其计算公式为

$$\omega = -1 - \lg(p_{rs})_{T_r=0.7} \tag{5-7}$$

式中，$(p_{rs})_{T_r=0.7}$ 为在对比温度 T_r=0.7 时工质对应的饱和对比压力。

一些工质的重要物性参数见表 5-4[39-47]。

表 5-4　一些无臭氧破坏能力工质的物性参数

工质	中文名称	临界温度/K	临界压力/kPa	分子质量/(kg/kmol)	ω
R41	氟甲烷	317.80	5877	34.03	0.1900
R125	无氟乙烷	339.165	3617.5	12.022	0.3035
R218	八氟丙烷	345.05	2680	188.03	0.3264
R143a	1,1,1-三氟乙烷	346.04	3776	84.041	0.2611
R32	二氟甲烷	351.26	5782	52.05	0.2728
RE125	五氟乙醚	354.49	3350.8	136.027	0.3256
R1270	丙烯	365.00	4620	42.081	0.1480
R290	丙烷	369.85	4248	44.097	0.1524
R134a	1,1,1,2-四氟乙烷	374.21	4059	102.03	0.3268
R227ea	七氟丙烷	374.89	2929	170.03	0.3632
R161	氟乙烷	375.3	5026	48.06	0.238
R152a	1,1-二氟乙烷	386.41	4517	66.051	0.2752
RC270	环丙烷	397.80	5492	42.081	0.2640
R236fa	六氟丙烷	398.07	3200	152.04	0.3772
RE170	甲醚	400.00	5370	46.096	0.1920
R600a	异丁烷	407.85	3640	58.124	0.1853
R236ea	1,1,1,2,3,3-六氟丙烷	412.44	3502	152.05	0.3794
R600a	正丁烷	425.16	3796	58.124	0.1995
R245fa	1,1,1,3,3-五氟丙烷	427.20	3640	134.05	0.3724
Neo-C5H12	2,2-二甲基丙烷	433.80	3202	72.151	0.1970
R601a	异戊烷	460.40	3384	72.151	0.2270
R601	正戊烷	469.60	3374	72.151	0.2510
n-hexane	正己烷	507.40	2969	86.178	0.2690

令 $A = \dfrac{\alpha p}{R^2 T^2}$，$B = \dfrac{bp}{RT}$，显然，PR 状态方程可以化简为压缩因子 $Z\left(Z = \dfrac{pv}{RT}\right)$ 的下列三次方程：

$$Z^3 - (1-B)Z^2 + (A - 3B^2 - 2B)Z - (AB - B^2 - B^3) = 0 \tag{5-8}$$

在 PR 状态方程的物理模型中，p 可表示为由分子相互排斥产生的压力 p_R 和分子间相互吸引而产生的压力 p_A 之和，其表达式为

$$p_R = \frac{RT}{v-b} \tag{5-9}$$

$$p_A = -\frac{a(T)}{v(v+b) + b(v-b)} \tag{5-10}$$

$$p = p_R + p_A \tag{5-11}$$

式 (5-10) 中的 $\alpha(T)$ 主要描述分子间引力对压力的贡献，在气相区，分子间引力项对压力的贡献占主导地位；反之，在液相区，由于分子间的距离比在气态时小得多，故斥力项 PR 对压力的贡献变为主导因素，常数 b 便是用来描述分子间斥力对压力的影响。

PR 状态方程与其他状态方程比较具有以下一些优点。

(1) PR 方程是一个既适用于气相也适用于液相的状态方程，其计算气相密度的精度与 RKS 相当，但计算液相密度的精度明显高于 RKS 方程。

(2) 该方程只含有两个参数 α 和 b，只需要知道工质的临界参数及偏心因子，便能计算工质所有的热力性质，国际上对物质的临界参数与偏心因子方面的研究已经很成熟，因此该方程便于实际应用。

(3) PR 方程改善了在工质临界点附近的计算精度，对纯工质给出了较为接近实际的临界压缩因子 ($z = 0.30724013$)。

5.3.2 纯工质导出参数的热力学关系式

逸度 f 在实际流体的计算中，特别是溶液和相平衡中有十分重要的作用。按定义，逸度系数 $\phi = \dfrac{f}{p}$，有以下热力学关系式：

$$\ln \phi = \int_{p_0 \to 0}^{p} (Z-1)\, \mathrm{d}(\ln p)_T \tag{5-12}$$

结合 PR 状态方程可导出 ϕ 的具体计算式：

$$\ln \phi = (Z-1) - \ln(Z-B) - \frac{A}{2\sqrt{2}B} \ln \frac{Z+(1+\sqrt{2})B}{Z+(1-\sqrt{2})B} \tag{5-13}$$

纯工质的比自由能 a、比焓 h、比熵 s 均采用余函数方程计算。结合热力学一般关系式，可导出以下各余函数方程：

$$
\begin{aligned}
a_r = a^* - a &= \int_{\infty}^{v} \left(\mathrm{p} - \frac{RT}{v} \right) dv + RT \ln Z \\
&= RT \left[\ln(Z-B) - \frac{A}{2\sqrt{2}B} \ln \frac{Z+(1-\sqrt{2})B}{Z+(1+\sqrt{2})B} \right]
\end{aligned} \tag{5-14}
$$

$$
\begin{aligned}
s_r = s^* - s &= -\frac{\partial a_r}{\partial T} \\
&= -R\ln(Z-B) + \frac{P\beta}{2\sqrt{2}RTB} \ln \frac{Z+(1-\sqrt{2})B}{Z+(1+\sqrt{2})B}
\end{aligned} \tag{5-15}
$$

$$h_r = a_r + TS_r + RT(1-Z) \tag{5-16}$$

式中

$$\beta = \frac{\partial \alpha}{\partial T} = -\frac{0.45724R^2T_c k \left[1 + k(1 - T_r^{0.5}) \right]}{P_c T_r^{0.5}} \tag{5-17}$$

由余函数定义可得

$$s = s^* - s_r \tag{5-18}$$

$$h = h^* - h_r \tag{5-19}$$

式(5-18)、式(5-19)中上标"*"表示在相同温度、压力下，把流体看成理想气体时相应的各项热力性质。

理想气体的热力性质：

$$s^*_{(p,T)} = s_{(p_0,T_0)} + \int_{T_0}^{T} C_p^{\ 0} \frac{\mathrm{d}T}{T} - R\ln \frac{p}{p_0} \tag{5-20}$$

$$h^*_{(p,T)} = h_{(p_0,T_0)} + \int_{T_0}^{T} C_p^{\ 0} \mathrm{d}T \tag{5-21}$$

式中，$s_{(p_0,T_0)}$、$h_{(p_0,T_0)}$ 分别为在计算基准状态 (p_0,T_0) 下理想气体的比熵与比焓值。按照 ASHRAE 惯例，其取值应满足该工质在 T_0=273.15K 对应的饱和液体的比熵

与比焓分别为 1.000 J/(kg·K) 和 200kJ/kg 的要求。因此有

$$h_{(p_0,T_0)} = 200 - h_r(p_0, T_0) \tag{5-22}$$

$$s_{(p_0,T_0)} = 1 - s_r(p_0, T_0) \tag{5-23}$$

此外，C_p^0 为该工质的理想气体的比定压热容，J/(kg·K)，它只与温度有关，一般随温度的升高而增大。其值受分子内能的影响，与分子间的作用力无关，一般利用实验测定的数据拟合成温度的多项式：

$$C_p^0 = d_0 + d_1 T + d_2 T^2 + d_3 T^3 \tag{5-24}$$

一些工质理想气体比定压热容计算式中各常数见表 5-5[39-42,50-53]。

表 5-5　一些工质理想气体比定压热容式(5-24)中各常数

工质	d_0	$d_1/102$	$d_2/104$	$d_3/106$
R41	13.82481	8.616434	−2.07079	−0.00198
R125	36.57286	20.18155	−0.34081	0
R218	−25.0643	67.50754	−5.64046	0.157499
R143a	15.9021	24.58	−1.0006	0.020001
R32	36.7996	−6.31	3.7579	0.32198
RE125	2.860422	40.13048	−2.97263	0.074303
R1270	3.709505	23.45445	−1.16016	0.022048
R290	−4.22448	30.62644	−1.58638	0.032146
R134a	19.6704	25.84	−1.1787	0
R227ea	21.6551	47.69	−3.1545	0
R161	4.345898	21.80067	−1.16561	0.024103
R152a	8.6751	23.80067	−1.457	0.033943
RC270	−35.2403	38.13337	−2.88136	0.090351
R236fa	53.4663	22.81	0.353	0
RE170	17.01516	17.90694	−0.52335	−0.00192
R600a	−1.39002	38.47251	−1.84596	0.028952
R236ea	−17.7851	55.92267	−4.38609	0.11914
R600	9.487289	33.13015	−1.10825	−0.00282
R245fa	−39.0996	72.23	−6.5164	0
Neo-C5H12	−16.5923	55.51697	−3.30632	0.076325
R601a	−9.52497	50.66028	−2.72937	0.057234
R601	−3.62577	48.73435	−2.58032	0.053047
n-hexane	−4.41289	58.19652	−3.11875	0.064937

对于缺乏理想气体比热容实验数据的工质，可采用文献[56]推荐的基团贡献法进行推算。该方法的核心思想是两个基本假设：①基团是构成物质的基本单元，且同种基团在不同物质中对某一物性有相同的贡献值；②物质的某一物性为其构成基团的贡献之和。

理想气体比热容基团贡献法推算公式

$$C_{PM}^{id} = 4.1868 \left(\sum_i n_i a_i + \sum_i n_i b_i T + \sum_i n_i c_i T^2 + \sum_i n_i d_i T^3 \right) \tag{5-25}$$

式中，n_i 为工质分子中含有基团 i 的个数；a_i、b_i、c_i、d_i 为有机化合物基团的贡献值；T 为温度，K；C_{PM}^{id} 为理想气体比热容，J/(kg·K)。

该比热容推算方法也具有相当的精度，误差一般在 2% 左右。

此外，实际气体的比定压热容 C_p 也是物质的一个很重要的热物性参数，与理想气体比定压热容不同，实际气体比定压热容除与工质温度有关外，还与压力有关。利用 PR 方程及热力学关系式导出实际气体比定压热容的具体计算式：

$$C_p = \left(\frac{\partial h}{\partial T} \right)_p \tag{5-26}$$

结合比焓的余函数方程，经推导可得

$$C_p = d_0 + d_1 T + d_2 T^2 + d_3 T^3 - \left(\frac{\partial h_r}{\partial T} \right)_p \tag{5-27}$$

式中

$$\left(\frac{\partial h_r}{\partial T} \right)_p = R + \left(\frac{T\beta - \alpha}{v^2 + 2bv - b^2} - P \right)$$

$$\left(\frac{\partial v}{\partial T} \right)_p + \left(\frac{\partial \beta}{\partial T} \right)_p \frac{T}{2\sqrt{2}b} \ln \frac{v + (1-\sqrt{2})b}{v + (1+\sqrt{2})b} \tag{5-28}$$

$$\left(\frac{\partial v}{\partial T} \right)_p = \frac{\dfrac{\beta}{v^2 + 2bv - b^2} - \dfrac{R}{v-b}}{\dfrac{2\alpha(v+b)}{(v^2 + 2bv - b^2)} - \dfrac{RT}{(v-b)^2}} \tag{5-29}$$

$$\left(\frac{\partial \beta}{\partial T} \right)_p = \frac{0.45724 R^2 k(1+k)}{2 T_r P_c \sqrt{T_r}} \tag{5-30}$$

式中，α、b、k 的计算式见式(5-2)、式(5-4)、式(5-6)；β 的计算式见式(5-17)。

当纯工质的压力超过其临界压力 P 时，工质的比定压热容并非随温度呈单调上升或下降的变化趋势，而是先随温度的升高而增大，在某一特定温度下达到最大值，随后又随着温度的升高而减小，最后接近一常数。也就是说，在比定压热容随温度变化的关系曲线上存在一个峰值点。在热力学上，通常把超临界压力下工质比定压热容峰值点处的温度称为拟临界温度，拟临界点的计算对研究超临界流体的换热过程十分重要[55]。

按热力学定义，显然在拟临界温度处存在

$$\left(\frac{\partial C_p}{\partial \tau}\right)_p = 0 \tag{5-31}$$

式中，$\tau = \dfrac{T_c}{T}$。

显然，可直接用式(5-31)来计算工质的拟临界温度，但数值计算过程比较麻烦。采用简单的黄金分割最优化算法[56]直接求取比定压热容的最大值点，便可求出拟临界温度值。

拟临界温度的迭代初值设置为 $T_{p_0} = \dfrac{p}{p_c}T_c$，采用最优化算法求取超临界压力下工质的拟临界温度，具有稳定收敛、计算速度较快的优点。

表 5-6～表 5-8 为采用黄金分割最优化算法，分别对有机工质 R134a、R290、R245fa 在不同的超临界压力下的拟临界温度进行计算得出的结果。

表 5-6　R134a 在不同超临界压力下的拟临界温度计算结果

压力/kPa	4100	4500	4800	5000
拟临界温度/K	374.75	379.48	382.63	384.65

表 5-7　R290 在不同超临界压力下的拟临界温度计算结果

压力/kPa	4500	5000	5500	5800
拟临界温度/K	373.14	379.06	384.31	387.27

表 5-8　R245fa 在不同超临界压力下的拟临界温度计算结果

压力/kPa	3700	4000	4500	5000
拟临界温度/K	428.14	432.50	438.95	444.68

5.3.3　PR 状态方程求解及气液相平衡计算

1. PR 状态方程求解

在工质所处状态的压力 p 和温度 T 均为已知的条件下，PR 方程式(5-8)是压缩因子 Z 的一元三次方程，在复数范围内有三个根，即

$$Z_1 = \sqrt[3]{-\frac{q}{2} + \sqrt{\left(\frac{q}{2}\right)^2 + \left(\frac{p}{3}\right)^3}} + \sqrt[3]{-\frac{q}{2} - \sqrt{\left(\frac{q}{2}\right)^2 + \left(\frac{p}{3}\right)^3}} \tag{5-32}$$

$$Z_2 = \omega_1 \sqrt[3]{-\frac{q}{2} + \sqrt{\left(\frac{q}{2}\right)^2 + \left(\frac{p}{3}\right)^3}} + \omega_2 \sqrt[3]{-\frac{q}{2} - \sqrt{\left(\frac{q}{2}\right)^2 + \left(\frac{p}{3}\right)^3}} \tag{5-33}$$

$$Z_3 = \omega_2 \sqrt[3]{-\frac{q}{2} + \sqrt{\left(\frac{q}{2}\right)^2 + \left(\frac{p}{3}\right)^3}} + \omega_1 \sqrt[3]{-\frac{q}{2} - \sqrt{\left(\frac{q}{2}\right)^2 + \left(\frac{p}{3}\right)^3}} \tag{5-34}$$

式中，$p = c_2 - \dfrac{c_1^{\;2}}{3}$；$\omega_1 = \dfrac{-1 + \sqrt{3}i}{2}$；$\omega_2 = \dfrac{-1 - \sqrt{3}i}{2}$；$c_1 = B - 1$；$c_2 = A - 2B^2 - 2B$；

$c_3 = B^3 + B^2 - AB$；$q = \dfrac{2}{27}c_1^{\;3} - \dfrac{c_1 c_2}{3} + c_3$。

令判别式 $D = \dfrac{q^2}{4} + \dfrac{p^3}{27}$，由一元三次方程的卡丹定理可得出其三个根的情况及其代表的物理意义，详见表 5-9。

表 5-9　式 (5-8) 根的情况及其物理意义

D 值	式 (5.8) 三个根的情况	对应的物理意义
$D > 0$	有一个实数根，两个共轭虚根	实根对应于单相的气态 (或液态) 压缩因子
$D = 0$	有三个实数根，其中两根相等	对应于气、液两相，最大值根为气相压缩因子，最小值根为液相压缩因子
$D < 0$	三个互不相等的实数根	对应于气、液两相，最大值根为气相压缩因子，最小值根为液相压缩因子，中间值根没有物理意义

2. 纯工质气液相平衡计算

在进行热力循环计算时，最关键的是计算工质在气液平衡饱和状态的热力性质。纯工质在气、液平衡区，其压力和温度间呈一一映射的单值函数关系，因此，对于很多工质都有一些半经验半理论的饱和态性质专用方程。例如，饱和蒸气压方程、饱和液体密度方程等。但这些方程没有通用性，对于不同的工质其表达式

也千差万别，这就阻碍了利用计算机同时对很多工质的气液相平衡进行计算。为了使程序具有通用性及简洁性，仍从 PR 状态方程出发计算纯工质的饱和性质。

根据热力学相平衡理论，当纯工质处于气液相平衡饱和状态时，其气、液两相应满足热平衡、力平衡和相平衡三个条件。相平衡条件对于纯工质即是气液两相的逸度应相等，其物理控制方程为

$$p^1 = p^v \tag{5-35}$$

$$T^1 = T^v \tag{5-36}$$

$$\phi^1 = \phi^v \tag{5-37}$$

在系统的压力 p（或温度 T）为已知的条件下，求解气液相平衡问题即是对式 (5-37) 的求解。

采用 PR 状态方程计算 R152a、R32、R134a、R125、R290、R143a、R600、R600a 等 20 种纯有机工质的饱和压力、气相密度和液相密度，表 5-10～表 5-12 列出了部分主要纯有机工质的计算结果。

表 5-10　R152a 饱和压力及其偏差

温度/℃	饱和压力/kPa	本计算的饱和压力/kPa	偏差/%
30	690.45	690.30	0.02
35	794.58	795.02	0.06
40	910.10	911.34	0.14
45	1037.80	1040.05	0.22
50	1178.40	1181.99	0.30
55	1332.90	1338.00	0.38
60	1502.01	1508.97	0.46
65	1686.70	1695.81	0.54
70	1888.00	1899.46	0.61
75	2106.80	2120.89	0.67
80	2344.30	2361.09	0.72
85	2601.80	2621.12	0.74
90	2880.50	2902.03	0.75
95	3182.10	3204.96	0.72
100	3508.40	3531.07	0.65
105	3861.9	3881.56	0.51
110	4246.1	4257.7	0.27

表 5-11　R32 饱和压力及其偏差

温度/℃	饱和压力/kPa	本计算的饱和压力/kPa	偏差/%
30	1927.50	1944.59	0.89
35	2189.80	2210.41	0.94
40	2478.30	2502.56	0.98
45	2794.80	2822.7	1.00
50	3141.20	3172.57	1.00
55	3519.90	3553.97	0.97
60	3933.20	3968.77	0.90
65	4384.30	4418.94	0.79
70	4876.80	4906.52	0.61
75	5416.80	5433.67	0.318

表 5-12　R125 饱和压力及其偏差

温度/℃	饱和压力/kPa	本计算的饱和压力/kPa	偏差/%
30	1568.05	1573.11	0.32
35	1777.68	1785.00	0.41
40	2007.90	2017.65	0.49
45	2260.31	2272.40	0.53
50	2536.72	2550.67	0.55
55	2839.36	2853.91	0.51
60	3171.16	3183.67	0.39
65	3537.37	3541.57	0.12

　　从计算结果可以看出，采用 PR 状态方程计算纯有机工质热力性质时，误差在 5%以内，完全满足工程计算的精度要求。

第6章 螺杆膨胀机性能及影响因素分析

在太阳能多联供系统中，热功转换子系统是将热能转化为电能并与供热单元联结的重要环节，膨胀机则是 ORC 系统的核心部件，对系统的发电效率、可靠性和经济性等影响较大，其参数的设置直接影响着多联供系统供暖量与供电量的输出比例。因此，根据实际条件来选择最适宜系统的膨胀机至关重要。

目前，用于 ORC 系统的膨胀机主要分为两类：一类是速度型膨胀机，也称透平膨胀机，通常分径流式透平和轴流式透平两种；另一类是容积式膨胀机，如螺杆膨胀机、涡旋膨胀机、活塞膨胀机和滑片膨胀机等，主要通过容积改变来获得膨胀比和焓降，对外输出功，用于小流量大膨胀比的场合，转速较低，输出功率随转速的增大而增大。有研究表明，在中低温太阳能热利用的中小型 ORC（200kW 以下）中，容积式膨胀机具有明显的优势[57]。首先，太阳能资源往往波动较大，且负荷不稳定，容积式膨胀机受工况变化的影响较小；其次，中低温太阳能热利用中往往用到的容量不大，属于容积式膨胀机能够覆盖到的功率范围；另外，容积式膨胀机成本较低，投资回收期较短，虽然效率比透平膨胀机略低，但整体性价比较高。容积式膨胀机中的螺杆膨胀机，由于其结构简单、运动部件少、可靠性高，已实现商业应用，且可利用最低温度达 80℃ 等优点，适合作为中低温太阳能 ORC 热发电系统的膨胀机。

本章通过建立螺杆膨胀机工作模型，分析变工况时螺杆膨胀机的性能，从而确定热力性能的主要影响因素，为后续膨胀机的优选提供一定的支持。

设定质量流量为 1055.23kg/h 的工质的进气压力为 250kPa，进气温度为 240℃，经膨胀机膨胀后排气背压为 62.5kPa，具体的初始设计工况如表 6-1 所示。

表 6-1 设计工况参数表

设计工况参数	设计值
进气压力/kPa	250
进气温度/℃	240
排气背压/kPa	62.5
理论排气温度/℃	140.33
质量流量/(kg/h)	1055.23
理论膨胀功/kW	65

6.1　螺杆膨胀机工作模型

6.1.1　螺杆膨胀机工作原理

　　螺杆膨胀机与螺杆压缩机的结构相似，主要由阴阳螺杆转子和壳体组成，阴阳螺杆转子相互啮合并与壳体形成的螺杆膨胀机工作空间，即为螺杆膨胀机的齿间容积。但螺杆膨胀机和螺杆压缩机的工作过程相反，如图 6-1 所示，螺杆膨胀机工作过程由进气阶段 A、膨胀阶段 B、排气阶段 D 组成，并在齿间容积内不断重复进行，从而产生连续的动力。高温高压的工质经进气孔口进入到齿间容积内，带动阴阳螺杆转子向相反方向转动，使齿间容积扩大，工质不断膨胀，直至齿间容积达到最大值，膨胀阶段结束，低温低压的工质经排气孔口排出。螺杆膨胀机将工质的内能转化为机械能对外做功。螺杆膨胀机的容积流量范围一般在 2～500m³/min，进口压力一般小于 1.2MPa，有些场合最高可以高至 4.5MPa，其等熵效率可以达到 75%～80%。可用于两相流和湿膨胀过程，在较宽的运行范围内相对高效，可直接与电机连轴，运行可靠且维护要求低，非常适用于中低品位热功转换系统。

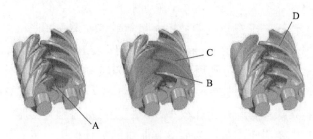

图 6-1　螺杆膨胀机的工作原理

　　螺杆膨胀机转子轴线垂直面与阴转子凸齿、阳转子凹齿相交而形成的曲线为阴阳转子型线，阴阳转子型线随着转轴旋转而形成的空间螺旋面即为阴阳转子齿面。转子型线在满足阴阳转子啮合定律的基础上还需保证相邻齿间容积间的泄漏最小。因而根据型线间的啮合关系和转子间的运行关系，分别建立阴、阳转子动坐标系 $O_2x_2y_2$、$O_1x_1y_1$，两者坐标变换关系为[57-59]：

$$\begin{cases} x_1 = -x_2 \cos k\varphi_1 - y_2 \sin k\varphi_1 + A \cos \varphi_1 \\ y_1 = -x_2 \sin k\varphi_1 - y_2 \cos k\varphi_1 + A \sin \varphi_1 \end{cases} \tag{6-1}$$

$$\begin{cases} x_2 = -x_1 \cos k\varphi_1 - y_1 \sin k\varphi_1 + A \cos i\varphi_1 \\ y_2 = -x_1 \sin k\varphi_1 - y_1 \cos k\varphi_1 + A \sin i\varphi_1 \end{cases} \tag{6-2}$$

其中

$$\frac{\varphi_2}{\varphi_1} = \frac{n_2}{n_1} = \frac{\omega_2}{\omega_1} = \frac{R_{1t}}{R_{2t}} = \frac{Z_1}{Z_2} = i \tag{6-3}$$

$$\varphi_2 + \varphi_1 = (1 + i)\varphi_1 = k\varphi_1$$
$$R_{1t} + R_{2t} = A \tag{6-4}$$

式中，φ_2、φ_1 为阴、阳转子转角，rad；n_2、n_1 为阴、阳转子转速，r/s；ω_2、ω_1 为阴、阳转子角速度，rad/s；R_{2t}、R_{1t} 为阴、阳转子节圆半径，m；Z_2、Z_1 为阴、阳转子齿数。

根据阴阳转子的啮合定律，可以得到转子间的啮合条件为

$$\frac{\partial x_1}{\partial t}\frac{\partial y_1}{\partial \varphi_1} - \frac{\partial x_1}{\partial \varphi_1}\frac{\partial y_1}{\partial t} = 0 \tag{6-5}$$

阴转子左旋、阳转子右旋时螺旋齿面方程式为

$$\begin{cases} x_2 = x_2(t)\cos\tau - y_2(t)\sin\tau \\ y_2 = x_2(t)\sin\tau - y_2(t)\cos\tau \\ Z_2 = p_2\tau \end{cases}$$
$$\begin{cases} x_1 = x_1(t)\cos\tau - y_1(t)\sin\tau \\ y_1 = x_1(t)\sin\tau - y_1(t)\cos\tau \\ Z_1 = p_1\tau \end{cases} \tag{6-6}$$

式中，$x_2(t)$、$y_2(t)$、$x_1(t)$、$y_1(t)$ 为阴、阳转子的型线方程。

阴阳转子相互啮合运动过程中，由两者的齿面接触产生的空间曲线称为接触线。由式(6-5)和式(6-6)即可得到接触线方程。在计算接触线长度时，通常将空间曲线转换为 N 段曲线，近似把每一段曲线当做直线计算，由此可得一个齿间导程内的接触线长度为

$$l_j = \sum_{i=2}^{N} \sqrt{(X_i - X_{i-1})^2 + (Y_i + Y_{i-1})^2 + (Z_i - Z_{i-1})^2} \tag{6-7}$$

当阴、阳转子的扭转角 τ_{2z}（τ_{1z}）不等于 $\dfrac{2\pi}{z_2}$ $\left(\dfrac{2\pi}{z_1}\right)$ 的整数倍时，运动中阴阳转子接触线的长度总是不断变化的，常用一个平均的总长度 l 来计算：

$$l = \frac{\tau_{2z}}{2\pi} Z_2 l_j \tag{6-8}$$

$$\tau_{2z} = \frac{L}{T} 2\pi \qquad (6\text{-}9)$$

式中，L 为阴、阳转子有效工作长度，m；T 为阴、阳转子的导程，m。

6.1.2　螺杆膨胀机模型构建

1. 基本假设

螺杆膨胀机理想工作过程是绝热等熵过程，而实际的工作过程受流动损失和泄漏损失的共同影响，使实际膨胀结束后的熵值增大。为了更好地研究其膨胀过程，需要忽略一些次要因素，作出如下假设：控制体内各点状态均匀；工质膨胀和泄漏过程可视为绝热过程。

2. 控制方程

螺杆膨胀机工作过程可以利用开口系能量守恒方程来描述，如图 6-2 所示。取阴阳转子和壳体内壁围成一个基元容积为控制体，根据能量守恒定律、质量守恒定律建立控制体的基本工作方程[60]。

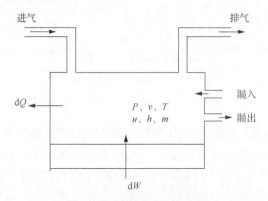

图 6-2　控制容积示意图

图中，控制体内质量 m、焓值 h、压力 p、温度 T 随阳转子转角的变化如下所示，其中，下标 i 表示进入控制容积，o 代表排出控制容积，V_c 为转子旋转到某一转角时阴阳转子形成的齿间容积值。

$$\frac{\mathrm{d}(mu)}{\mathrm{d}\varphi} = \sum \frac{\mathrm{d}m_i}{\mathrm{d}\varphi} h_i - \sum \frac{\mathrm{d}m_o}{\mathrm{d}\varphi} h_o + \frac{\mathrm{d}W}{\mathrm{d}\varphi} - \frac{\mathrm{d}Q}{\mathrm{d}\varphi} \qquad (6\text{-}10)$$

$$\frac{\mathrm{d}m}{\mathrm{d}\varphi} = \frac{\mathrm{d}m_i}{\mathrm{d}\varphi} - \frac{\mathrm{d}m_o}{\mathrm{d}\varphi} \qquad (6\text{-}11)$$

$$\frac{\mathrm{d}h}{\mathrm{d}\varphi}=\frac{1}{v}\left[\left(\frac{\partial h}{\partial v}\right)_T\frac{\mathrm{d}v}{\mathrm{d}\varphi}+\left(\frac{\partial h}{\partial T}\right)_v\frac{\mathrm{d}T}{\mathrm{d}\varphi}\right]-\frac{1}{V_c}\left[\sum\frac{\mathrm{d}m_i}{\mathrm{d}\varphi}(h_i-h)-\frac{\mathrm{d}Q}{\mathrm{d}\varphi}\right] \tag{6-12}$$

$$\frac{\mathrm{d}p}{\mathrm{d}\varphi}=\frac{\dfrac{1}{v}\left[\left(\dfrac{\partial h}{\partial v}\right)_T-\dfrac{\left(\dfrac{\partial h}{\partial T}\right)_v\left(\dfrac{\partial p}{\partial v}\right)_T}{\left(\dfrac{\partial p}{\partial T}\right)_v}\right]\dfrac{\mathrm{d}v}{\mathrm{d}\varphi}-\dfrac{1}{V_c}\left[\sum\dfrac{\mathrm{d}m_i}{\mathrm{d}\varphi}(h_i-h)-\dfrac{\mathrm{d}Q}{\mathrm{d}\varphi}\right]}{1-\dfrac{1}{v}\dfrac{\left(\dfrac{\partial h}{\partial T}\right)_v}{\left(\dfrac{\partial p}{\partial T}\right)_v}} \tag{6-13}$$

$$\frac{\mathrm{d}T}{\mathrm{d}\varphi}=\frac{\dfrac{1}{v}\left[\left(\dfrac{\partial h}{\partial v}\right)_T-\left(\dfrac{\partial p}{\partial v}\right)_T\right]\dfrac{\mathrm{d}v}{\mathrm{d}\varphi}-\dfrac{1}{V_c}\left[\sum\dfrac{\mathrm{d}m_i}{\mathrm{d}\varphi}(h_i-h)-\dfrac{\mathrm{d}Q}{\mathrm{d}\varphi}\right]}{\left(\dfrac{\partial p}{\partial T}\right)_v-\dfrac{1}{v}\left(\dfrac{\partial h}{\partial T}\right)_v} \tag{6-14}$$

以上各式为螺杆膨胀机控制体的基本工作方程,分别表示齿间容积工质质量、焓值、压力和温度随转子转角的变化规律。为了更清楚地描述螺杆膨胀机的工作过程,除了以上的控制方程,还需建立工作过程的补充方程。

3. 补充方程

1) 实际气体状态方程

本节设定工质为水工质,因而需要引入实际气体状态方程,通常采用维里方程计算且第 2 维里系数就可以满足精度要求,即为

$$\frac{pv}{R_\mathrm{g}T}=1+\frac{B(T)}{v}+\frac{C(T)}{v^2}+\frac{D(T)}{v^3}+\cdots \tag{6-15}$$

式中,R_g 为气体常数;$B(T)$、$C(T)$、$D(T)$ 表示维里系数,是温度 T 的函数。

2) 泄漏模型

考虑到高温高压工质推动转子运动时,转子受热产生的变形,在阴阳转子设计时须在转子间留出一定的间隙,由于间隙两侧工质压力差的存在,产生工质的泄漏损失,从而影响螺杆膨胀机的性能。

螺杆膨胀机中的泄漏分为内泄漏和外泄漏。内泄漏是由于不同齿间容积间的压差造成的,这种泄漏方式直接影响膨胀过程的有效焓降;外泄漏是指工质未经膨胀直接泄漏到膨胀机排气孔口,这种泄漏方式影响膨胀机的通流能力,进而影

响总的回收功。主要的泄漏通道分为四种：由于阴阳转子啮合间隙的存在，导致高压侧的工质还未膨胀就直接泄漏到排气腔室中，这种泄漏称为外泄漏；通过泄漏三角形的泄漏可能是外泄漏也可能是内泄漏[57]；阴阳转子齿顶与壳体内壁之间存在一定间隙，工质通过这个间隙的泄漏通常为内泄漏；转子与进排气端面留有一定的间隙，一般经进气端面的泄漏为内泄漏，经排气端面的泄漏为外泄漏。

通常利用喷管等熵流动公式计算以上几个泄漏间隙的泄漏量，即为

当 $\left(\dfrac{2}{k+1}\right)^{\frac{k}{k-1}} \leqslant \dfrac{p_2}{p_1} \leqslant 1$ 时，

$$\frac{\mathrm{d}m}{\mathrm{d}\varphi} = \frac{CA_{\text{lea}}p_1}{\omega}\left\{\frac{2k}{(k-1)R_g T_1}\left[\left(\frac{p_2}{p_1}\right)^{\frac{2}{k}} - \left(\frac{p_2}{p_1}\right)^{\frac{k+1}{k}}\right]\right\}^{1/2} \tag{6-16}$$

当 $0 \leqslant \dfrac{p_2}{p_1} \leqslant \left(\dfrac{2}{k+1}\right)^{\frac{k}{k-1}}$ 时，

$$\frac{\mathrm{d}m}{\mathrm{d}\varphi} = \frac{CA_{\text{lea}}p_1}{\omega}\left[\frac{k}{(k-1)R_g}\left(\frac{2}{k+1}\right)^{\frac{k+1}{k-1}}\right]^{1/2} \tag{6-17}$$

式中，k 为比热容比；p_1、p_2 为处于高压区和低压区的工质压力，kPa；ω 为阳转子角速度，rad/s；T_1 为处于高压区的工质温度，K；A_{lea} 为泄漏通道的泄漏面积，m^2；C 为流量系数，根据泄漏通道种类、转速而定的经验系数。

螺杆膨胀机工质的进气量与转角间的关系由下式计算，下标 i 代表工质进气工况参数，即为

$$\frac{\mathrm{d}m}{\mathrm{d}\varphi} = \frac{\rho_i A_i C_i \sqrt{2(h_i - h)}}{\omega} \tag{6-18}$$

3）性能指标模型

表征螺杆膨胀机性能的主要有容积效率和绝热效率两个指标，容积效率反映了膨胀机齿间容积有效利用的程度，而绝热效率反映了流经膨胀机的工质能量有效利用的程度。

螺杆膨胀机的理论容积流量为

$$V_t = C_\varphi C_{n1} n_1 L D_1^2 \tag{6-19}$$

式中，C_φ 为螺杆扭角系数；C_{n1} 为面积利用系数；n_1 为阳转子的转速，r/s；L 为

螺杆长度，m；D_1 为阳转子的外径，m。

通过泄漏面积而泄漏工质的螺杆膨胀机实际容积流量 V_1 为

$$V_1 = \frac{60 \mu \psi f p_1}{\sqrt{RT_1}} \tag{6-20}$$

螺杆膨胀机理论压比 π_{cr} 为

$$\pi_{cr} = \left(\frac{2}{k+1} \right)^{\frac{k}{k-1}} \tag{6-21}$$

流量系数 ψ 为

$$\psi = \sqrt{\frac{2k}{k+1} \left(\pi^{\frac{2}{k}} - \pi^{\frac{k+1}{k}} \right)} \tag{6-22}$$

$$\psi = \left(\frac{2}{k+1} \right)^{\frac{1}{k-1}} \sqrt{\frac{2k}{k+1}} \tag{6-23}$$

式中，μ 为泄漏系数，通常取 0.6～0.8；ψ 为流量系数，亚临界态按式(6-22)计算；超临界态按式(6-23)计算；f 为泄漏面积，m^2；p_1 为进气状态下工质的压力，kPa；T_1 为进气状态下工质的温度，K。

综上所述，膨胀过程中由于泄漏损失的存在，导致容积效率低于 1。即为

$$\eta_V = 1 - \frac{V_1}{V_t} \tag{6-24}$$

在螺杆膨胀机工作过程中，工质的流动损失 q_u 主要由进排气损失 q_k、齿槽容积对中的损失 q_c 及端面摩擦鼓风损失 q_B 三部分组成[61]，由于流动损失的存在使得膨胀机出口工质熵增大，焓降减小，等熵效率降低。

$$q_u = q_k + q_c + q_B \tag{6-25}$$

进排气损失 q_k 是流经进排气孔口时由于工质的粘性摩擦而造成的能量损失。进气损失使进气压力降低，排气损失使排气压力升高。进气压力降 Δp 随膨胀过程进气容积的变化如图 6-3 所示，进气压力损失为 $\Delta p/p$。

$$q_k = q_{k1} + q_{k2} = \xi_{k1} \frac{c_1^2}{2} + \xi_{k2} \frac{c_2^2}{2} \tag{6-26}$$

式中，ξ_{k1} 为进气压力损失系数，由沿程阻力损失系数和局部阻力损失系数确定；

ξ_{k2} 为排气压力损失系数，由沿程阻力损失系数和局部阻力损失系数确定；c_1 为工质进气速度；c_2 为工质排气速度。

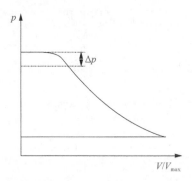

图 6-3　进气压力降 Δp 随膨胀过程进气容积变化规律

工质在齿槽内的流动损失为

$$q_c = q_{c1} + q_{c2} = \xi_{c1} \frac{L}{D_1} \frac{u_1^2}{2} + \xi_{c2} \frac{L}{D_2} \frac{u_2^2}{2} \tag{6-27}$$

式中，ξ_{c1} 为阳转子齿槽内的沿程阻力损失系数；ξ_{c2} 为阴转子齿槽内的沿程阻力损失系数；u_1 为阳转子的圆周速度，m/s；u_2 为阴转子的圆周速度，m/s；D_2 为阴转子的外径，m。

由式(6-27)可以看出，减小转子的圆周速度虽然可以减小工质膨胀过程的流动损失，但是会增大工质的泄漏损失，使容积效率降低，因此在研究过程中要合理选择转子转速。

螺杆膨胀机转子与壳体间存在一定的间隙，受气体黏性的影响，端面间隙处的气体运动速度不同便形成了一个速度梯度，使工质作功量减小，工质温度升高，排气焓值增大，焓降减小。螺杆端面摩擦损失为

$$q_f = k_f \xi_f \rho D_b^2 u_b^3 \tag{6-28}$$

鼓风损失是螺杆膨胀机的进气齿间容积对气体鼓风作用而造成的损失，只存在于螺杆膨胀机进气孔口附近，其计算式为

$$q_e = k_e \xi_f \rho D_b u_b^3 R(1-e) \tag{6-29}$$

端面摩擦系数 ξ_f 主要与雷诺数 Re 有关，即为

$$\xi_f = \frac{12.87}{10^3} \frac{1}{\sqrt[5]{Re}} \tag{6-30}$$

式(6-28)～式(6-30)中，k_f、k_e 为与阴阳转子端面齿形、齿数有关的修正系数；D_b

为阴、阳转子的外径，m；u_b 为阴、阳转子的外圆周速度，m/s；ρ 为进气或排气工质的密度 kg/m^3；R 为阴转子或阳转子的齿高半径，m；e 为部分进气度。

螺杆的端面摩擦鼓风损失为

$$q_B = q_f + q_e \tag{6-31}$$

综上所述，膨胀过程中由于流动损失的存在，导致流动效率低于 1。即为

$$\eta_u = 1 - \frac{q_u}{h_1 - h_{2s}} = 1 - \frac{q_k + q_c + q_B}{h_1 - h_{2s}} \tag{6-32}$$

螺杆膨胀机工作过程的等熵效率为容积效率和流动效率之积，即为

$$\eta_s = \frac{h_1 - h_2}{h_1 - h_{2s}} = \eta_V \eta_u \tag{6-33}$$

6.2 螺杆膨胀机热力性能分析

虽然不同容量的螺杆膨胀机的性能指标各不相同，但由于其结构基本相同，不同螺杆膨胀机的性能变化趋势具有普适性。本节分析小型螺杆膨胀机的热力性能，其结果也适用于其他容量参数的螺杆膨胀机。基于表 6-1 中所示的进出口状态参数，利用 MATLAB 编程设计输出功率为 65kW 的螺杆膨胀机，其阴阳螺杆转子的基本结构参数如表 6-2 所示。

表 6-2 阴阳螺杆转子的基本结构参数

项目	阴转子	阳转子
齿数	$Z_1 = 6$	$Z_2 = 4$
螺杆长度	$L = 330\text{mm}$	
齿高半径	$R = 0.205 D_0 = 46\text{mm}$	
节圆直径	$D_{1j} = 0.64 D_0 = 128\text{mm}$	$D_{2j} = 0.96 D_0 = 192\text{mm}$
齿顶圆直径	$D_1 = 1.05 D_0 = 210\text{mm}$	$D_2 = 0.96 D_0 = 192\text{mm}$
齿根圆直径	$D_{1i} = 128\text{mm}$	$D_{2i} = 192\text{mm}$
扭转角	$\tau_1 = 300°$	$\tau_2 = 200°$
导程	$T_1 = 360\text{mm}$	$T_2 = 540\text{mm}$
中心距	$A = (D_{1j} + D_{2j})/2 = 160\text{mm}$	
节圆螺旋角	$\beta = \arctan\left[T_1/(\pi D_{1j})\right] = \arctan\left[T_2/(\pi D_{2j})\right] \cong 42$	

　　工况条件变化时，螺杆膨胀机性能也发生一定的改变。本节选用进气压力降、进气压力损失、膨胀机流通能力、膨胀输出功、容积效率和等熵效率 6 个评价指标，研究工质进气压力、进气温度、排气背压及阳转子转速等参数变化时螺杆膨胀机热力性能的变化规律，从而确定膨胀机的最佳运行工况范围。

6.2.1　进气压力的影响

　　在螺杆膨胀机的使用过程中，其进气压力会随着实际运行条件的不同而改变，本节在其余工况参数固定的条件下，探究进气压力从 100kPa 变化到 350kPa 时螺杆膨胀机的热力性能。在进气压力低于设计压力 250kPa 时，螺杆膨胀机处于过膨胀的状态，在进气压力高于设计压力 250kPa 时，螺杆膨胀机处于欠膨胀的状态。

　　如图 6-4 所示为进气压力降和进气压力损失随着进气压力的变化规律。随着进气压力的增大，工质的密度不断增大，进气压力降呈线性增大，而进气压力损失略有增大但变化不明显。在转速为额定转速 2500rpm 时，当进气压力从 200kPa 变化到 300kPa 时，螺杆膨胀机进气压力降从 8.04kPa 增加到 12.11kPa，但进气压力损失随着进气压力变化幅度较小，从 0.0402 变化到 0.0403。随着转速增大，进气压力降和进气压力损失大幅增大，且转速越高，进气压力降变化幅度越大。随着转速的提高，进气压力损失已不可忽略。由此可以看出，转速对进气压力降和进气压力损失的影响更大。

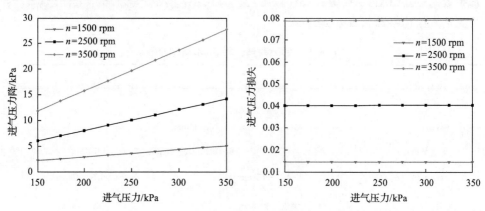

图 6-4　进气压力降和进气压力损失随着进气压力的变化规律

　　如图 6-5 所示为膨胀机的通流能力和膨胀输出功随进气压力的变化规律。随着进气压力的增大，工质的密度逐渐增大，比体积逐渐减小，导致螺杆膨胀机的通流能力和膨胀输出功都逐渐增大。在转速为额定转速 2500rpm 时，当进气压力从 200kPa 变化到 300kPa 时，质量流量从 842.58kg/h 增大到 1268.71kg/h，膨胀功从 40.48kW 增大到 80.81kW，且随着转速升高，膨胀机的通流能力增强，进而膨胀功输出功也增大。

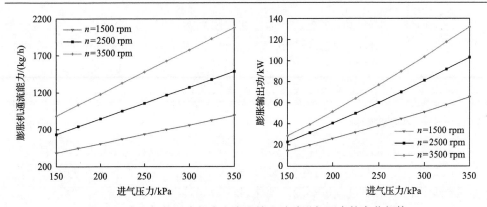

图 6-5　膨胀机的通流能力和膨胀输出功随进气压力的变化规律

　　如图 6-6 所示为容积效率和等熵效率随进气压力的变化规律。随着进气压力的增大，容积效率略有减小，且减小的幅度很小。这主要是随着进气压力的增大，进气压力损失略增大，通过泄漏间隙泄露工质的质量略有增大，导致容积效率降低，但其变化缓慢，可以忽略不计。随着进气压力的升高，等熵效率不断增大，但增长的幅度逐渐减小。如转速为额定转速 2500rpm 时，当进气压力从 150kPa 变化到设计压力 250kPa 时，等熵效率从 80.04%增大到 82.70%，当进气压力从设计压力 250kPa 变化到 350kPa 时，等熵效率从 82.70%增大到 83.73%。等熵效率的大小主要取决于螺杆膨胀机的实际内容积比和设计值的大小。当进气压力等于设计压力 250kPa，排气背压等于设计背压 62.5kPa 时，此时实际内容积比与设计内容积比相匹配，螺杆膨胀机的过膨胀损失和欠膨胀损失较小，等熵效率取得较大值。而当实际内容积比小于设计内容积比，即为过膨胀存在时，受螺杆膨胀机与环境的热交换量及工质泄漏量的影响，此时等熵效率值远小于设计最大值。当实际进气压力低于设计压力时，此时进气压力每降低 10%，等熵效率降低 0.95%。而当实际进气压力高于设计值时，此时进气压力每增大 10%，等熵效率增大 0.61%，由此可以看出，以容积效率和等熵效率为指标时，螺杆膨胀机在进气压力略高于设计值下运行更优。

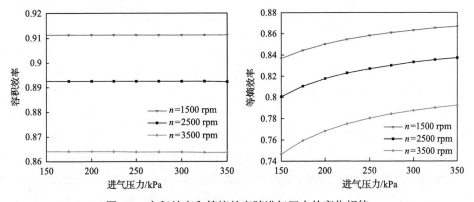

图 6-6　容积效率和等熵效率随进气压力的变化规律

综上所述，螺杆膨胀机更适宜运行在欠膨胀态，即螺杆膨胀机更适宜运行在实际进气压力为 90%～130%设计进气压力的范围内，其变工况范围更广。在膨胀机运行时，由于转速对其性能影响很大，当转速小幅度变化时，螺杆膨胀机性能变化幅度很大，且尽量使实际转速等于额定转速。

6.2.2 进气温度的影响

本节假定进气压力为设计值 250kPa 和排气压力为设计值 62.5kPa，探究进气温度从 200℃变化到 300℃时螺杆膨胀机的热力性能。在其他条件不变时，进气温度的改变相当于工质进气过热度的变化。

如图 6-7 所示为进气压力降和进气压力损失随着进气温度的变化规律。随着进气过热度的增大，工质的进气密度不断降低，进气压力降和进气损失都降低，整体来看，降低幅度不大。而转速越高，进气压力降和进气压力损失随进气温度变化的幅度越大。如当转速为设计转速 2500rpm 时，进气温度从 220℃变化到260℃时，螺杆膨胀机的进气压力降变化幅度较小，从 10.51kPa 下降到 9.69kPa；而当转速为 3000rpm 时，进气温度从 220℃变化到 260℃，螺杆膨胀机的进气压力降变化幅度较大，从 20.59kPa 下降到 18.99kPa。

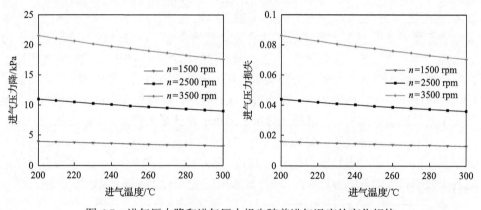

图 6-7 进气压力降和进气压力损失随着进气温度的变化规律

如图 6-8 所示，为螺杆膨胀机的通流能力和膨胀输出功随进气温度的变化规律。随着进气温度的升高，工质的进气密度不断降低，导致设备的通流能力不断下降。而随着转速的不同，进气温度对螺杆膨胀机膨胀功的影响呈现不同的规律。当转速低于设计转速时，随着进气温度的升高，膨胀输出功略有降低，降低幅度很小；当转速为设计转速时，随着进气温度的升高，膨胀输出功近似保持不变；当转速高于设计转速时，随着进气温度的升高，膨胀输出功不断升高，如当转速为 3000rpm 时，进气温度从 220℃变化到 260℃时，膨胀功从 76.26kW 变化到77.07kW。由此可以得出，当螺杆膨胀机工作在高于设计转速的状态时，适当增大蒸汽过热度可以提高螺杆膨胀机的输出功。

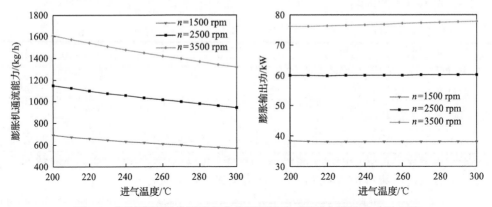

图 6-8 螺杆膨胀机的通流能力和膨胀输出功随进气温度的变化规律

如图 6-9 所示为容积效率和等熵效率随进气温度的变化规律。当转速不同时，螺杆膨胀机的容积效率和等熵效率随进气温度变化呈现不同的规律。当转速低于额定转速时，随着进气温度升高，容积效率和等熵效率略有下降；当转速等于额定转速时，容积效率和等熵效率在进气温度略高于设计工况时取得最大值，如当进气温度为 250℃时，容积效率取得最大值 89.24%，当进气温度为 300℃时，等熵效率取得最大值 82.90%；而当转速大于额定转速时，容积效率和等熵效率随着进气温度的升高而有一定幅度的增大。但随着转速的升高，容积效率和等熵效率都大幅下降。

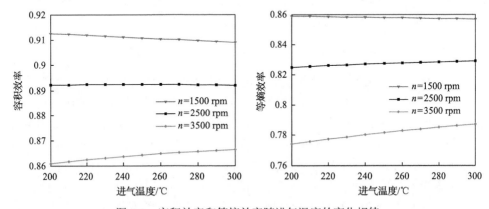

图 6-9 容积效率和等熵效率随进气温度的变化规律

综上所述，进气温度对螺杆膨胀机的影响很小，保证转速处于一定范围，进气温度可以大幅度变化，保证螺杆膨胀机性能较优，同时进气温度略高于设计温度螺杆膨胀机的热力性能较优。但转速对螺杆膨胀机性能影响较大，且尽量保持转速处于额定值。

6.2.3 排气背压的影响

在螺杆膨胀机的实际使用过程中，其排气压力会随着实际运行条件的不同而改变，本节假定进气温度为 240℃和进气压力为 250kPa，探究排气压力从 50kPa 变化到 100kPa 时螺杆膨胀机的热力性能。当排气背压小于额定排气压力 62.5kPa 时螺杆膨胀机处于欠膨胀状态，当排气背压大于额定排气压力 62.5kPa 时螺杆膨胀机处于过膨胀状态。

不同转速下排气背压对进气压力损失的影响如图 6-10 所示。排气背压的变化不影响工质进气密度，因而不影响进气压力降和进气压力损失。进气压力损失只与转速有关，且随着转速增大，进气压力损失大幅增大。

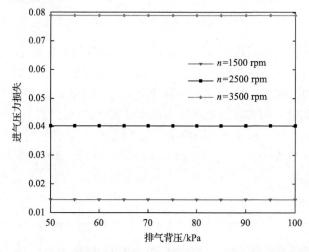

图 6-10　不同转速下排气背压对进气压力损失的影响规律

如图 6-11 所示为螺杆膨胀机的通流能力和膨胀输出功随着排气背压的变化规律。排气背压的变化不影响工质进气密度的变化，因而螺杆膨胀机的通流能力近似保持一定。而随着排气背压的增大，单位质量的工质焓降减少，膨胀输出功也逐渐减小，如在转速为 2500rpm 时，当排气背压从 50kPa 增大到 70kPa 时，螺杆膨胀机的膨胀功从 68.95kW 减小到 55.25kW。随着转速的升高，螺杆膨胀机的通流能力逐渐增大，导致膨胀功逐渐增大。由此可以得出排气背压应尽量低于设计值。

如图 6-12 所示为容积效率和等熵效率随着排气背压的变化规律。随着排气背压的增大，工质的泄漏质量逐渐增大，因此容积效率随着排气背压的增大而不断降低。随着排气背压的增大，泄漏损失和流动损失都不断增大，等熵效率逐渐降低。如在转速为 2500rpm 时，当排气背压从 50kPa 增大到 70kPa 时，螺杆膨胀机的容积效率从 89.81%减小到 88.90%，等熵效率从 83.46%减小到 82.24%。随着转速的增大，容积效率和等熵效率降低的幅度都逐渐增大。

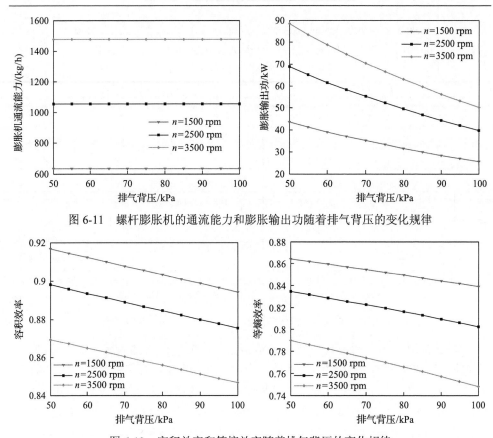

图 6-11　螺杆膨胀机的通流能力和膨胀输出功随着排气背压的变化规律

图 6-12　容积效率和等熵效率随着排气背压的变化规律

综上所述，当工质的排气压力低于其设计压力时，膨胀过程的能量损失较少，螺杆膨胀机的热力性能更优。因此螺杆膨胀机更适宜运行在欠膨胀状态。

6.2.4　转速的影响

在变工况条件下，可以通过设置旁路、设置节流阀、改变内容积比和改变转速等方式调节螺杆膨胀机容量。设置旁路及节流阀虽然可以减少设备投资，但同时增大了膨胀过程中工质的能量损失，降低了螺杆膨胀机的容积效率和等熵效率。改变内容积比方法需要在螺杆膨胀机中增加滑阀和其他调节结构，增加了设备的复杂程度，且成本较高不经济。因此，转速调节对于螺杆膨胀机而言最有效且方便调节容量的方法，需要深入分析当转速变化时，螺杆膨胀机的性能变化，从而得到最佳的容量调控策略。本节在进排气参数固定的条件下分析转速变化对螺杆膨胀机热力性能的影响。

如图 6-13 所示为进气压力降和进气压力损失随着转速的变化规律。随着转速的增大，进气压力降及进气压力损失都逐渐增大，当进气压力为 250kPa 时，转速从 2000rpm 增大到 4000rpm 时，进气压力降从 3.86kPa 增大到 15.42kPa。在设计工况下，进气压力降为 10.08kPa，进气压力损失为 4.03%，这意味 4.03%的进气压力通过进气间隙和进气摩擦，对于螺杆膨胀机而言这是很大程度上能量的浪费。进气压力损失受转速影响很大，是研究过程中不可忽略的关键因素。

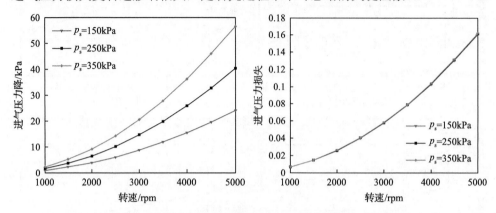

图 6-13　进气压力降和进气压力损失随着转速的变化规律

如图 6-14 所示为螺杆膨胀机的通流能力和膨胀输出功随着转速的变化规律。当螺杆膨胀机的转子型线和结构参数一定时，膨胀机每转的容积容量也随之确定。随着转速的增大，工质流速变大，螺杆膨胀机的通流能力增大，膨胀输出功也增大。当进气压力为 250kPa 时，转速从 2000rpm 增大到 4000rpm，螺杆膨胀机的通流能力从 844.18kg/h 增大到 1688.37kg/h，膨胀功从 49.57kW 增大到 82.61kW，因此转速对螺杆膨胀机热力性能的影响不可忽视。一般在变工况条件下，通过改变转速来调节系统的容积流量，保持螺杆膨胀机的运行稳定且保证较好的经济性能。

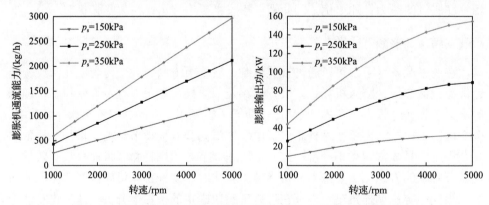

图 6-14　螺杆膨胀机的通流能力和膨胀输出功随着转速的变化规律

如图 6-15 所示为螺杆膨胀机容积效率和等熵效率随转速的变化规律。随着转速的增大，工质泄漏量不断增大，且进气压力损失也大幅增大，导致容积效率大幅降低。当进气压力为 250kPa 时，转速从 2000rpm 增大到 4000rpm，容积效率从 90.31%降低至 84.59%，降低了 5.72%。随着转速的增大，膨胀过程中的泄漏损失和流动损失大幅增大，导致等熵效率大幅降低，且进气压力为 150kPa 时的等熵下降幅度更大。相较于进气压力为 350kPa 的欠膨胀态，转速对进气压力为 150kPa 的过膨胀态影响更大，以上分析也说明螺杆膨胀机更适宜运行在欠膨胀态。

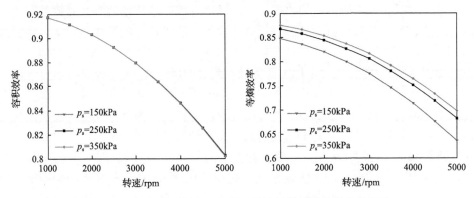

图 6-15　螺杆膨胀机容积效率和等熵效率随转速的变化规律

综上所述，转速变化对膨胀功和等熵效率的影响不同，转速升高增大了膨胀功但同时使等熵效率降低。通过调节螺杆膨胀机的转速而获得所需要的容量。转速在 1000～2500rpm 间变化时，等熵效率的变化率较低，当转速在 2500～3000rpm 间变化时，等熵效率的变化率较大。据此可知，此螺杆膨胀机的最佳调节转速幅度为 60%～110%。进行转速调节时，应该根据实际工况条件确定较为合理的调节范围，调节范围不仅要满足实际工艺要求，同时也要保证设备的稳定运行。

由以上分析可知，螺杆膨胀机运行工况范围更广，变工况性能较优。但在偏离设计工况的不同工况状态下，螺杆膨胀机热力性能指标变化情况是不一样的，如表 6-3 所示，采用平均值方式得到各参数影响情况，以便清晰地看出螺杆膨胀机适宜运行工况范围。

表 6-3　各个工况参数的影响情况

工况参数	变化情况	排气温度变化率/%	膨胀功变化率/%	等熵效率变化量/%
进气压力	增加 10%	−6.25	17.11	0.33
	减小 10%	7.06	−16.56	−0.42
进气温度(过热度)	增加 2℃	1.31	0.016	0.008
	减小 2℃	−1.30	−0.017	−0.009
排气背压	增加 10%	6.38	−6.61	−0.39
	减小 10%	−6.89	7.14	0.38
转速	增加 10%	1.26	7.59	−1.07
	减小 10%	−1.03	−8.66	0.88

第7章 中低温太阳能应用场景分析

国际太阳能战略研究机构数据显示：世界各国能源转型的基本趋势是实现由以化石能源为主向以可再生能源等低碳能源为主的可持续能源体系转型。预测到2050年，可再生能源占一次能源和电力需求的比重分别达到50%和80%以上，预计到2030年太阳能将成为全球主要能源，到2050年将成为主导能源之一。

我国太阳能资源区分为4个区，中东部大部分地区属于Ⅱ～Ⅲ类资源，日照资源不是特别丰富，有必要在这些日照资源较为贫乏区推行中低温太阳能热利用技术。此外，相关学者[62]对全国建筑面积发展趋势进行了测算，仅到2020年，我国建筑面积中可用于安装光伏和光热系统的面积合计303.6亿 m²，其中可用的屋顶面积为122.8亿 m²，包括城市26.5亿 m²，农村96.3亿 m²，太阳能利用技术可实施的场景多元，安装面积充足。据相关预测分析，中低温太阳能热利用技术在发展过程中其应用场景将形成多样化发展趋势，且我国到2030年太阳能中低温热利用装机容量发展目标为1026GWth，到2050年为1913GWth(每平米集热器装机容量按700Wth来计算)。

总而言之，可以看出我国太阳能利用技术，尤其是中低温太阳能热利用技术市场潜力巨大，极具开发价值。同时，经过多年的技术发展，太阳能利用已经衍生出多种技术形式，针对不同需求场景采用不同的而技术形式和技术路线，可以有效提升太阳能资源的利用效率，也可不同技术形式组合或与其他能源利用技术结合实现太阳能的多元利用。

7.1 中低温太阳能利用场景的技术路线

中低温太阳能利用场景具有多种技术路线，最常见的是中低温太阳能热发电，其他还有中低温太阳能热化学利用、太阳能聚光海水淡化利用、太阳能与化石能源互补发电以及中低温太阳能-水源热泵供暖系统等方案。本书前几章主要介绍了中低温太阳能热发电应用的原理及关键技术，下面就其他应用方式进行简单介绍。

7.1.1 中低温太阳能热化学利用场景

能量密度较低的太阳能被太阳能集热器接收并转换为较高品味的太阳热能，太阳能热化学利用技术就是将热能通过热传递进入吸收器，然后用于驱动化学反应进行，实现将低能量密度的太阳能以太阳能燃料的形式储存在能量密度高且相对容易储存和运输的化学能中[63]。通过将太阳能燃料运输到能量需求地进行发电、化工过程等，实现太阳能的持续稳定利用。其中，化学储能的方式可以有效解决太阳能时间和空间的不连续性。太阳能热化学利用主要有太阳能裂解甲醇、太阳能化学链燃烧互补联合循环及热化学制氢等。

1. 中温太阳能裂解甲醇

中国科学院工程热物理研究所金红光研究员等提出的中温太阳能裂解甲醇的动力系统，如图 7-1 所示，系统中太阳能热化学反应装置是通过低聚光比的抛物槽式集热器，将聚集中温太阳热能与烃类燃料热解或重整的热化学反应相整合，可以将中低温太阳热能提升为高品位的燃料化学能，从而实现了低品位太阳热能的高效能量转换与利用。

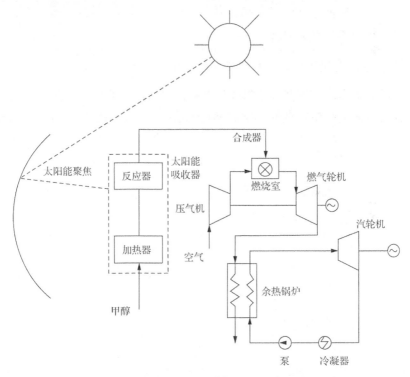

图 7-1　中温太阳能与甲醇热解互补的联合循环系统

与常规中低温太阳能热利用形式不同，该热化学反应突破了太阳热能热转换的物理能利用方式，实现从低品位的热能转换为高品位化学能的能量转换模式。而低聚光比的抛物槽式集热装置被用来收集 200～300℃的太阳热能。抛物槽式集热装置的吸热器可以分为两个部分的串联：太阳能-预热段和太阳能-反应段。这样，该系统将低品位的太阳热能转化为高品位的燃料化学能，再利用高温燃气轮机布雷顿热力循环，实现了低品位的太阳热能的高效热转功，获得了中低温太阳热能的高价值利用，使得系统循环效率为 60.7%，太阳能热份额为 18%。太阳能净发电效率高达 35%。该系统与抛物槽式的 SEGS 和 ISCCS 的太阳能热发电系统相比(其热效率为 15%～17%)，热转功效率可提高 18%左右，总效率提高 6.5%。

与常规利用太阳热能的蒸汽朗肯循环相比，新系统通过中温太阳热能与甲醇吸热分解性的有机集成，使低品位的中温太阳热能转换为高品位化学能，以合成气(CO、H_2)的形式被储存。随着合成气的燃烧，中温太阳热能在高温下释放，并以高温热的形式通过燃气轮机布雷顿循环实现热转功。可见，中低温太阳热能与化学反应相整合的能量转换过程不仅使物理能的品位提升到化学能品位，而且打破了常规的物理能量转换利用范围；同时也为其与燃气轮机热力循环相结合提供了一个新的途径。值得注意的是：由于新型太阳热能发电系统采用了低聚光比的抛物槽式的太阳能集热器，大幅度减小了聚光和集热部件的成本，大大提高了与化石能源发电系统的竞争力。

2. 新型中温太阳能化学链燃烧互补联合循环系统

另一种新型中温太阳能化学链燃烧互补的联合循环系统，如图 7-2 所示。该系统主要由太阳能提供热量的化学链燃烧子系统和带 CO_2 回收、分离的联合循环

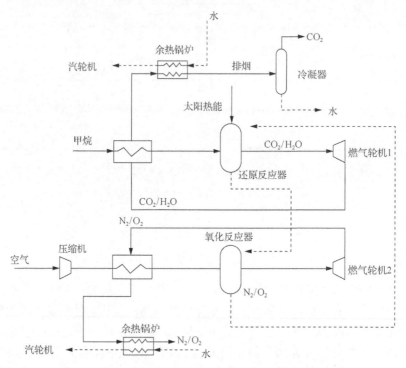

图 7-2　中温太阳能化学链燃烧互补的联合循环系统

热功转换子系统等组成。它利用 450～550℃的太阳能高温热能，提供给化学链燃烧中吸热的还原反应。该系统的特点是：聚集 450～550℃的太阳热能，经过反应转化为化学能并且储存在固体 Ni 颗粒中，可以作为类太阳能燃料使用。在这一过程中，低品位的太阳热能通过化学反应得以提升，提升了这一温度水平的太阳能热能的做功能力。值得注意的是，这种化学链燃烧利用太阳能的方式与太阳热化学重整系统等相比，所需要的太阳热能温度水平相对较低，可以减小太阳能集热系统投资，也降低发电技术和经济风险，还可拓宽适用地区。该系统的总效率可达 60%，太阳能净发电效率高达 30%以上；而在相同参数下，太阳能重整 CH_4 发电系统中太阳能净发电效率仅为 28.4%，ISCCS 系统则只有 24.4%。

　　匹配太阳热能的品位与化学反应的品位的一项重要技术是使接收器与反应器结构一体化，接收器不但承担热能接收功能，还必须同时促进化学反应。

3. 太阳能热化学制氢

　　氢能作为一种清洁的二次能源，具有能量密度高、可储存、可运输等优点，是目前较为理想的一种化石能源替代品，未来对于氢气的需求量可能大幅上升。热化学制氢早在 20 世纪 70 年代就已受到关注。目前传统的工业制氢主要依靠甲烷重整来制备氢气，反应温度在 800～1000℃左右，所耗热能需要依靠化石能源如甲烷、煤炭等提供，制取氢气过程相当于将化石能源的一部分化学能转换为热能预热反应物并为反应提供焓变，能源利用率低，且环境污染严重。太阳能作为分布广泛，清洁而廉价的热源引起研究人员的重视。1977 年，Fetcher 等和 Nakamura 等分别将太阳能与热化学制氢结合起来，开启了太阳能热化学制氢研究领域的先河。

　　目前基于太阳能热化学制氢的反应类型选取主要受集热温度所限，常见的反应类型如图 7-3 所示。在中低温太阳能应用中，可采用槽式集热器加热低碳醇类重整或裂解；在中温太阳能应用中，可采用碟式或塔式太阳能聚光集热器配合甲

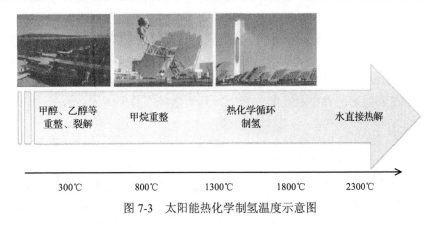

图 7-3　太阳能热化学制氢温度示意图

烷重整；在高温段，目前研究主要集中在利用碟式或塔式太阳能聚光集热器获取高温热能，驱动热化学循环制取氢气；当温度超过 2000℃时可以利用高品位热能直接将水热解制氢。

对于基于化石燃料的太阳能制氢方法（如太阳能甲烷重整等），基于膜反应器的反应可在达到相同反应转化率的情况下降低反应温度，进而利用更低品位的太阳能，并将其品位提升至氢气化学能品位。反应原料水和甲烷通过太阳能预热至反应温度（300～400℃），并提供吸热反应所需焓变，在膜材料和催化剂的作用下，水蒸气和甲烷进行重整反应。

甲烷水蒸气重整反应过程需要大量的热量，而这部分热量对于传统制氢通常来自于额外的甲烷燃烧，从而导致能量的低效利用。利用聚光太阳能进行甲烷水蒸气重整反应制取燃料气被认为是一种很有前景的太阳能燃料制取方式。例如，基于钯膜反应器的槽式太阳能甲烷水蒸气重整反应系统，其系统原理如图 7-4所示。

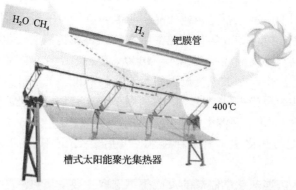

图 7-4　基于钯膜反应器的槽式太阳能甲烷水蒸气重整反应系统的示意图

金属钯膜可以从反应平衡体系中选择性地分离氢气，使甲烷重整反应向正向移动，并产生更多的产物，使转化率在相同温度下提高，或达到相同转化率时的反应温度更低。目前有很多关于膜反应器制氢的理论和实验研究，然而基于选择性膜分离的太阳能甲烷重整反应的研究却很少，原因可能是槽式太阳能和甲院重整结合的深刻意义还没有被大多数人认识，并且目前将膜反应器和较大的太阳能镜场结合在工程上还有一定难度。然而，基于选择性膜分离的太阳能热化学是太阳能储能的最有效途径之一。

7.1.2　太阳能聚光海水淡化利用

能源与淡水资源是社会生存与发展的物质基础，海水/苦咸水淡化是解决淡水资源缺乏的有效途径。多级闪蒸、反渗透和蒸气压缩等传统的海水淡化都是针对大型的淡化工程，而偏远缺水地区由于技术条件及成本问题，适合运行简单、成本不高的太阳能增湿减湿的小中型淡化系统。此外，太阳能海水淡化采用可持续清洁能源，不造成环境污染，是解决缺少能源与电力供应的偏远地区淡水问题的可行性方法。

1. 太阳能聚光海水淡化利用

太阳能聚光集热海水淡化主要利用于大中型规模海水淡化工程，虽然投资成本较大，技术要求较高，但采用太阳能作为驱动热源，减少了能源紧张和环境污染等因素，对于太阳能资源富有、能源与水资源缺乏地区具有极好的匹配性与适应性。世界多国都在大力发展太阳能海水淡化的利用，尤其在西亚、中东和非洲地区太阳能资源丰富的国家。

采用太阳能代替常规能源进行海水淡化，应用形式如图 7-5 所示，太阳能聚光集热驱动热法淡化有多级闪蒸(MSF)、多效蒸馏(MED)、热蒸汽压缩(TVC)、机械压气蒸馏淡化(MVC)等；聚光发电结合膜技术淡化的反渗透(RO)、电渗析(ED)淡化，还可热电联供与多种淡化技术耦合利用。

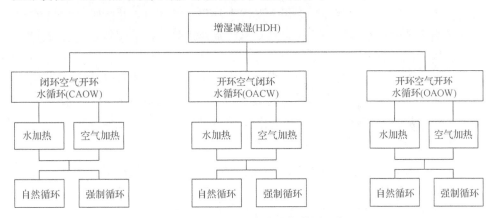

图 7-5　太阳能聚光海水淡化利用形式

另外，太阳能集热系统可满足多种形式用热的需求，能得到不同温度的热水、热空气、不同压力与温度的蒸汽及其他加热工质，尤其在王作温度 280℃以下低温及中低温供热的海水淡化系统，热效率高，有较好的经济实用价值，表 7-1 是不同形式太阳能集热器最佳工作温度范围与合理供热方式。太阳能供热系统可以由一级、两级及多级加热系统联合组成，根据集热系统自身特点决定，由于不同形式的太阳能集热器有其自身最适合的温度区域，在该温度区域范围内，其集热效率高，造价也相对便宜。采用多级集热器组合匹配加热，可为整个系统节省较大投资成本。

表 7-1　不同形式太阳能集热器最佳工作温度范围与合理供热方式

集热形式	工作温度范围/℃	供热方式
平板集热器	30～70	低温热水
真空集热管	50～85	中、低温热水，热空气
固定条形镜面反射聚光	60～140	中、低温热水，低温低压蒸汽
槽式抛物面反射聚光	80～160	中、低温热水，低温低压蒸汽
线性菲涅尔反射聚光	60～160	中、低温热水，低温低压蒸汽

2. 太阳能蒸馏海水淡化

太阳能聚光主要用于大、中型海水淡化利用，而小型的海水淡化主要采用太阳能蒸馏淡化。太阳能蒸馏海水淡化是海水吸收太阳能集热热源，水体温度升高，表面水首先蒸发，水蒸气进入水面上方空气，使空气增温增湿，遇到冷的玻璃盖板凝结成淡水的过程。

太阳能蒸馏分为主动式和被动式蒸馏，被动式蒸馏的传热传质过程是自然循环过程，集热温度较低，且冷凝热直接散发没有回收，性能效率非常低。因此，有研究者提出了主动式蒸馏，采用太阳能主动集热，冷凝潜热回收、强制循环等方法提高系统的产水性能。具体包括如减少加热水量、改变倾斜角度、增加增湿面积，提高保温效果和采用多效蒸馏等方式。表 7-2 总结和比较了多种太阳能主动式蒸馏装置的运行参数、性能系数及产水量等。从表中的研究结果，强制循环比自然循环单位集热面积产水量提高 $3kg/m^2$ 以上，多效蒸馏比单效蒸馏产水量有较大提高，带有能量回收装置的淡化系统产水量和性能系数增加，聚光高温蒸馏和低温真空蒸馏都有所提高系统的淡水产量。

表 7-2　多种太阳能主动式蒸馏装置的运行参数、性能系数及产水量

研究者	类型	淡化装置	产水性能
Rai et al[64]	太阳能平板集热，强制循环	集热面积 $1m^2$，倾角 45°，流率 1.15kg/min	产水量：$6.75kg/m^2$
Badran and Autherine[65]	太阳能平板集热，自然循环	集热面积 $1m^2$，倾角 35°，保温层 6cm	产水量：$3.5kg/m^2$
Sanjay Kumar and Tiwari[66]	主动式、双效蒸馏	蒸馏装置倾角 15°，集热器倾角 45°，流率 40ml/min，双效间隙 20cm	产水量：$7.5kg/m^2$
Kieserite et al[67]	平板集热器、竖直式蒸馏	集热面积 $1.4m^2$，倾角 15°，蒸馏装置面积 1.52m×0.9m	$5kg/m^2$，5 个蒸馏总产水量 50kg/h
Zeina Shabel et al[68]	槽式聚光集热太阳能蒸馏	整流面积 $1m^2$，集热面积 $0.8m^2$，采用铜管吸收器	产水量：8.75kg/d
Bhagwant Pars and Tiwari[69]	CPC 聚光双效蒸馏	CPC 聚光面积 $1m^2$，强制循环，质量流率 0.0027kg/s	产水量 14.684kg/d

续表

研究者	类型	淡化装置	产水性能
Tiwari et al[70]	真空管集热双效蒸馏	整流面积 1 m², 水质量 50kg, 真空管面积 2 m², 质量流率 0.035kg/s	产水量 4kg/ m², 系统热效率 17.22%
Hiroshi Tanaka et al[71]	热管集热, 垂直多效蒸馏	集热面积 0.28m×0.57m, 倾角 26°, 保温材料: 玻璃棉, 厚度 10mm	最高温度 70℃, 产税率 0.36kg/(h. m²)
Ahmed et al[72]	低温真空 3 效太阳能蒸馏	真空度 0.5bar, 采用泵循环苦咸水, 流率 0.0033kg/s	产水量: 14.2kg/(m².d)

3. 太阳能增湿减湿海水淡化

另一种太阳能制淡技术为太阳能增湿-减湿海水/苦咸水淡化, 其以空气作为载气, 利用空气湿度的变化来产生淡水。不同的温度下, 空气增湿能力不同; 温度越高, 空气饱和湿度越大, 增湿能力越强。当空气与热海水接触时, 空气被蒸发海水增温增湿, 经过增湿后的湿空气进入减湿器冷凝成淡水。如图 7-6 所示, 增湿减湿主要分如下几种: 闭环空气开环水系统(Closed air open water, CAOW)、闭环水开环空气系统(Closed water open air, CWOA)、开环空气开环水系统(Open air open water, OAOW), 其次可再分为水加热和空气加热系统、自然循环和强制循环系统。

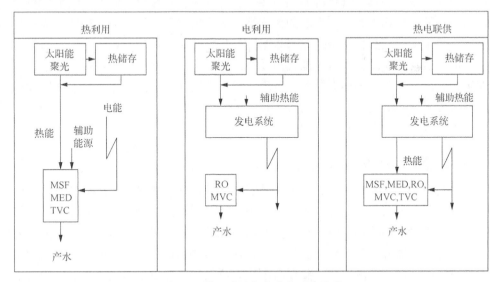

图 7-6　增湿减湿海水淡化系统分类

增湿减湿由于增湿(蒸发器)和减湿(冷凝器)分开设置, 冷凝回收潜热, 使系统的性能改善与优化, 比太阳能蒸馏淡化技术性能系数高, 且可小型、中型化应用, 比蒸馏法有更好的推广优势。很多学者对增湿减湿淡化技术展开过实验与理论研究，取得了一定的成果。

7.1.3　太阳能与化石能源互补发电技术

化石能源大量使用，使其面临着储量减少和环境污染等问题；聚光太阳能热发电技术发展潜力巨大，但是存在着效率低，成本高等问题。因此，可以考虑将聚光太阳能与化石燃料互补发电作为一种解决途径。

聚光太阳能与化石能源互补发电技术采用太阳能替代部分化石能源，能够有效减少化石能源使用量，减少环境污染。同时，通过借用成熟的化石能源电站的设备和技术，能够达到降低聚光太阳能热发电投资成本的目的。采用锅炉等传统发电的部件替代蓄能置，来缓解聚光太阳能热发电不稳定的难题，从而提高效率。国际能源署已经将太阳能与化石燃料互补发电列为 21 世纪太阳能热发电近、中期发展的主要目标。

目前，聚光太阳能与化石能源互补发电技术主要分为两大类：一类是太阳能与热力循环的"热互补"；另一类是太阳能与化石燃料的"热化学互补"。太阳能与热为循环的"热互补"指的是根据不同太阳能的聚光形式，将不同集热温度的太阳热能热量传递的方式参与到热力循环中，替代热力循环的部分热流；太阳能与化石燃料的"热化学互补"技术又称为太阳能热化学技术，是将太阳热能与化石燃料的重整、裂解、气化等不同吸热转化反应过程相结合，制取太阳能燃料，从而将太阳能转化为太阳能燃料的化学能。太阳能燃料可以同热力循环集成实现发电。由于太阳能热化学技术是将太阳能转化为化学能后储存在太阳能燃料中，所以能够实现聚光过程和太阳能燃料发电过程的分离，解决了太阳能间歇性、不连续性、能流密度低的固有缺陷，实现了太阳能的化学储能。近年来，太阳能热化学过程引起了研究者广泛的兴趣。国际能源署也将工业应用层面的太阳能热化学技术研究作为未来聚光太阳能技术发展的目标之一。

7.1.4　太阳能-水源热泵供暖场景

作为自然界的现象，正如水由高处流向低处那样，热量也总是从高温区流向低温区。如同把水从低处提升到高处而采用水泵那样，人们也可以制造机器，将热量从低温物体抽吸到高温物体。热泵实质上是一种热量提升装置，从周围环境中吸取热量，通过消耗一部分能量，由传热工质将热量传递给被加热的对象，实现低位热能向高位能的转移，整个热泵装置所消耗的能量仅为输出能量中的一小部分，因此采用热泵技术可以节约大量高品位能源。

凭借热泵在中低温余热利用场景发挥的重要成果，其工程技术在日臻成熟，而太阳能作为在中国大陆地区中低温热源的主要能量供应驱动力，通过将两者相结合，合理地回收太阳能余热用于热水大有发展场景。

太阳能光热资源的中低温特性(温度在 100~280℃之间)，因此适宜用第一类单效热泵，其工作原理如图 7-7 所示。

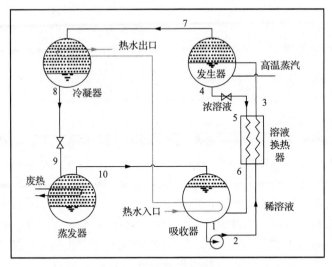

图 7-7　第一类吸收式热泵

该系统主要由吸收器、发生器、蒸发器、冷凝器与溶液热交换器构成。吸收式热泵循环由制冷剂循环和吸收剂循环两个环路组成。制冷剂即水的循环工作过程：发生器内溴化锂溶液受热产生高温高压水蒸气(7)，蒸汽进入冷凝器中被冷凝为液态(8)，然后经膨胀阀后变为低温低压两相流(9)进入蒸发器，蒸发器中液态水吸收低温热源蒸发变为气态(10)。吸收剂即溴化锂溶液的循环工作过程：从发生器出来的浓溶液(4)流经膨胀阀和溶液热交换器后流入吸收器(6)，在吸收器中浓溶液不断吸收来自蒸发器的蒸汽同时放出热量,稀释后的溴化锂溶液(1)经溶剂泵升压后进入溶液热交换器与从发生器中出来的浓溶液进行热交换，被加热的稀溶液(3)进入发生器中，在高温蒸汽热源下，溶液中水蒸气蒸发进入冷凝器中，而浓溶液流经溶液热交换器进入吸收器中再次吸收来自蒸发器的水蒸气，如此反复循环。在第一类吸收式热泵中，通过消耗低温废热和一部分高温热能，可以得到中温热能，实现废热的回收利用。以太阳能集热器为热源，结合热泵进行供热，使一种高效、节能的热利用方式。

7.2　中低温太阳能在综合能源系统中的应用

随着社会工业和生活水平的提高，人们对能源的需求量逐年攀升，化石能源的使用带来的环境问题愈发严重。中国各地区分布式太阳能等清洁可再生能源储备丰富，加大清洁可再生能源的开发利用规模可有效缓解能源短缺及能源环境问题。已有一些地区实现太阳能和多种可再生能源的开发利用，然而，现有大多数新能源开发利用都采用单独规划、单独运行的模式，造成系统灵活性差，能源利用效率低，可再生能源消纳能力弱等问题。要解决这类问题，必须打破原有能源利用模式，发挥不同能源种类的各自优势，结合负荷用能需求，形成综合能源系统规划。我国《可再生能源发展"十三五"规划》[73]指出：要促进太阳能与其他能源的互补应用，加快太阳能供暖、制冷系统在建筑领域的应用。到 2020 年，太阳能热利用集热面积达 8 亿 m^2。建立可再生能源与传统能源系统互补、梯级利用的综合热能供应体系。

　　太阳能热利用主要分为低温热利用（<200℃）和中高温利用（>200℃）。前者的应用形式主要有太阳能热水器、太阳能空气集热、太阳能热泵、太阳能建筑采暖一体化等；后者主要用于中高倍聚光热发电等。2014 年我国太阳能集热器安装总量占世界的 75.8%，只有不到 0.3%用来空间供暖，大部分都是以太阳能热水器的形式提供热水。欧洲各国建成了几个具有季节性储热装置的中央集成太阳能供热试点[74]。Dalenback 等[75]对位于 6 个欧洲国家的 13 个太阳能供暖电站的性能进行了测试，证明了大规模太阳能集中供暖系统运行稳定可靠。

　　由于可再生能源自身具有间歇性、能量密度低、波动随机及不稳定性等特点，而且中低温太阳能热利用系统参数无法达到较高的水平，单一使用时系统供能可靠性无法保障。采取将多种可再生能源互补利用、多种能量产品联合供能的新方案可以有效提升区域能源系统的能源利用效率、稳定性和可靠性，是未来的发展方向。以下就中低温太阳能利用技术在综合能源系统中的应用，给出两种系统方案。

7.2.1　中低温太阳能综合能源系统方案一

　　当用户周围没有相应的一次能源条件时，为了实现热、电、冷等多种能源需求的供应，需要充分利用当地的可再生能源，如地热能、风能、太阳能等。但这类能源受地域限制比较大，而且波动性强，所以往往需要以电网或大容量储能设备作为系统的能源支撑。

　　以甘肃永登省建材院中试基地为例，该示范建筑供能系统由 $100m^2$ 热管式太阳能真空集热系统、22kW 屋顶光伏、$9m^3$ 混泥土储热系统和 $3\ m^3$ 储热水箱组成。供暖建筑面积为 $314m^2$，储热系统可提供 16h 连续供暖。这类综合能源系统中，可再生能源所占的比例高，系统通过电网和高容量储能来平移输出波动，实现稳定供能。由于系统受气候条件等影响较大，为了提高可靠性，一般会配置电热转换器件，如热泵、空调、电锅炉等，从而在资源条件差，且储能供应不足时，利用电网进行电热转换供能。

1. 方案构架

基于目前行业研究现状,围绕当前我国北方地区尤其是京津冀亟待解决的"绿色能源替代"供暖需求,团队以中低温太阳能热利用为支撑,并结合风能和太阳能光伏等多种可再生能源利用技术,开发设计了一套多可再生能源互补,热、电、冷联合供应的综合能源系统方案,以期对中低温太阳能高效热利用及多能互补多能供系统中关键技术进行突破,实现以太阳热能为主多种可再生能源能量的梯级高效利用。

本方案致力于突破传统供热供电成本较高、单一可再生能源持续供能不稳定、存在间歇性,以及纯供热系统非采暖季闲置等问题瓶颈,研制一套适用于北方地区、由中低温太阳热能为主,结合风能和光伏互补利用,实现热电冷多能供的分布式可再生综合能源系统。该系统主要由一套槽式聚光太阳能热发电装置、风力发电机、光伏电池、热泵、储电与储热装置等若干子系统耦合构成。系统结构如图 7-8 所示。

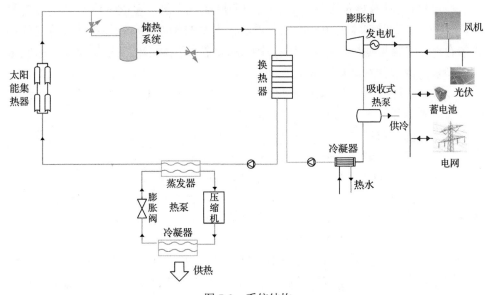

图 7-8 系统结构

工质经过太阳能集热器加热后,在换热器与热工转换系统中的工质进行换热,热工转换装置采用螺杆膨胀机,首先将高品质热能及动能转化为电能,电能并入系统微电网,一部分供给用户,另一部分保证压缩式空气源热泵供电。然后,从膨胀机出来的工质依次通过吸收式热泵和冷凝器,生产冷能和热水给用户使用,膨胀机排汽经过换热降温,可实现降低膨胀机出口参数的效果,从而提高系统循环效率。与此同时,太阳能热循环中的工质经过换热器后进入热泵,热泵从工质中吸收热能,经压缩机做功后给用户供热,而降温后的工质则回到集热器中进行加热。风力机和光伏电池则直接发电,电能纳入微电网系统进行统一能量调度和管理。

2. 运行模式

为了实现系统高效稳定运行,根据资源条件和负荷需求不同,将运行模式分为以下几个工况,为了方便说明,将太阳能热循环称作循环 1,其中的工质称作工质 1,热工转换循环称作循环 2,其中的工质称作工质 2。具体运行模式如下。

(1)在非采暖季,热负荷较低,冷负荷较高。此时吸收式热泵所需要的热量较高,膨胀机高负荷运行。为了满足循环 2 能量需求,工质 1 在换热器中交换的热量增大,同时由于热负荷较小,热泵从工质 1 中吸收的热量也减小。此时,由于膨胀机发电量增大,系统多余的电能存入蓄电池中,当蓄电池电量高于最大限值,多余的电能流入电网。在采暖季,冷热负荷需求刚好相反,此时循环 1 高负荷运行,循环 2 运行负荷降低,系统不足的电能由蓄电池或电网提供。

(2)当自然资源条件极佳时,太阳能和风能转换的能量能够满足系统所需的热、电、冷,此时多余的电能存入蓄电池,多余的热能存入储热罐或以冷能的形式储存。如果蓄电池电量高于上限,则换热器换热量减小,从而减小膨胀机发电量,多余的能量存入储热装置。

(3)当自然条件极差时太阳能集热器、光伏板、风力机出力都出现不足,此时通过储能系统释放热和电来满足用户需求。如果储能系统释放能量无法满足负荷需求,则切除一般性负载,维持重要负载,从电网购电,通过电锅炉、空调等设备进行电热转换,来满足重要负载的热、电、冷需求。

此系统利用太阳能和风能,进行冷热电三联供,具备以下优势。

(1)系统在时间上存在互补。根据季节变化,冷热负荷的交替性可以使系统能够保持稳定运行。并且太阳能和风能资源特征具有一定的时间差,当晚上太阳能不工作时,风能还可以继续工作为系统供能。

(2)系统灵活性强。通过冷热电多联供,可以灵活实现电能和热能之间的配比,由于储热从成本和技术上都比储电具有优势,所以可以利用热储存来调节电量。

(3)系统效率高,通过双循环,实现冷、热、电三种能源形式的转换,循环 1 中,品质热能先进行换热,把热量传递给循环 2,再通过热泵对剩余能量进行利用。循环 2 中,高品质热能先发电,品质下降后通过吸收式热泵实现供冷,在通过冷凝气换热提供热水。实现能量的高效梯级利用。

当然,虽然此类系统实现了高比例可再生能源的利用,但由于没有一次能源的支撑,所以系统中配置的储能容量要比较大,并且往往需要大电网配合储能作为支撑。比较适合应用在中小型用户侧。

7.2.2　中低温太阳能综合能源系统方案二

当用户周围具备一次能源条件时,可以利用一次能源热电联产作为系统支撑,再结合不同新能源利用形式,通过制定不同场景下的多能源协调控制调度策略,最大限度地提高可再生能源的就地消纳能力,最终实现经济、稳定、可靠、灵活、可持续和环境友好地满足区域用户终端多样化的用能需求。

1. 综合能源系统方案构架

本方案针对太阳能资源较为丰富地区且区域周边建有传统大型火电站场景,根据区域能源结构和负荷特性,开发了一套光热-光伏-风电-储能的多联供分布式综合能源系统,并引入大型电站部分热能等形式的能量作为综合能源系统支撑提高系统稳定性和可用性。该系统主要由小型汽轮机组单元、太阳能热利用单元、太阳能光伏单元、风力发电单元、蓄电池组和储热罐组成的储电储热多元储能单元及区域负载单元组成。

系统的能量来源是清洁可再生的太阳能、风能和火电站抽汽。小型汽轮机组单元由火电站抽汽供能,作为系统能量调节支点,通过多能源协调控制调度策略实现最大限度地提高可再生能源的消纳;太阳能热利用装置采用槽式热利用系统,主要用于满足热负荷的需求,相对于直接电加热,利用太阳能供热能提升能量利用效率,并结合吸收式热泵和小型汽轮机组单元实现能量梯级利用、冷热多元供应;风能利用装置和光伏组件直接作为电源;光伏组件设计有冷却降温器,冷能由吸收式热泵循环制冷富余冷能提供,用于高温天气为光伏组件降温,以减小高温下光伏板温度系数造成的发电效率下降;储能方面,系统采用了蓄电池储电单元和储热单元两部分,在正常运行时能充分保障系统的能源平稳持续供应;同时,对负载实行分级控制,充分考虑了重要负载、基本负载、可选负载等,根据前端电源的功率输出情况实行分级投切控制。

2. 系统控制策略

本方案提出的分布式能源供应系统主要由小型汽轮机组单元、光热系统、风力发电系统、储能系统、应急供电系统及系统负载组成,整个系统的供电源包括小型汽轮发电机组、风力发电机组和蓄电池储能装置;供热源包括太阳能供热采暖系统(夏季吸收式热泵制冷)、储热系统及小汽机乏汽和中间抽汽;可满足负荷需求包括电负荷、热负荷及冷负荷,其中电负荷分为三级,一级负荷为区域重要设施用电,二级负荷为居民日常用电,三级负荷为可选负载,热负荷则分为重要热负荷和一般热负荷。夏季冷量需求大,此时太阳能集热系统的大部分热量用吸收式制冷系统供冷。因此,在总体运行控制策略中将冷负荷包含在热负荷中一并分析。

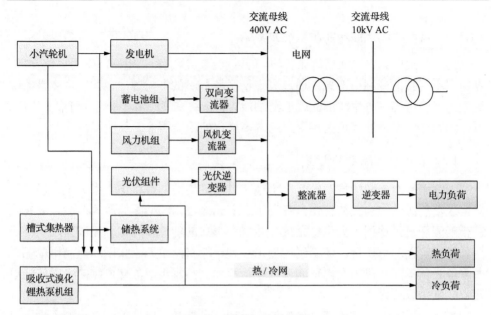

图 7-9　系统拓扑结构图

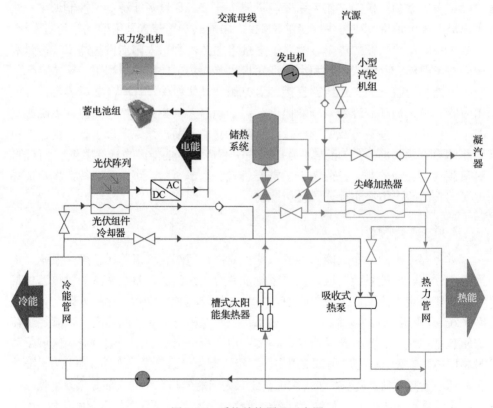

图 7-10　系统结构原理示意图

　　为了实现整个系统的可靠、经济运行,有必要根据系统运行情况动态地对系统负荷在各个微源间进行全局优化分配,控制系统主要调节微源输出,保证不同运行工况下负荷的稳定运行:系统电能、热量充足时,根据主要电负荷和热负荷的变化(包括监测母线电压),适时调节小汽机功率低负荷运行,关闭抽汽仅乏汽供热,调节系统微电网母线电压在一定的范围内,保证供需平衡;当运行工况改变,微源出力减小时,综合估计微源出力与负荷变化,小汽机增加负荷,补充太阳能供热所缺热能份额,以热定电,补充负载电能需求并考虑是否切除可选电负荷。

　　系统运行大致可分为以下 4 种工况。

　　(1)光热系统和风力发电出力足够大,可再生能源供能份额大于整个系统所有负荷需求。此时,小汽机低负荷运行并关闭抽汽,最大限度减小汽机供热份额而最大限度消纳太阳能和风能。光热系统支撑供热(吸收式热泵制冷),若有多余热量富裕,则将多余热量储存在储热系统中;系统主要由风力发电系统和光伏组件供电,电能保障重要负载、日常负载和可选负载的用电,同时为蓄电池充电,若微电网仍有富裕电能,在符合上网条件情况下可进行并网售电。

　　(2)系统可再生能源端短时出力较小(如夜间),不足以维持系统全部负载,此时储热系统放热,小汽机根据全部热负荷需求短缺份额增加运行负荷并增加小汽机抽汽份额;同时,蓄电池放电,小汽机补充系统的电能短缺,考虑切出可选负载,以保证重要电负荷和日常电负荷的正常运行。

　　(3)系统可再生能源发电端长时间出力较小(如连续阴天,太阳能资源不足或系统组件需要检修等),此时储能和小汽机作为系统支撑。对于重要热负荷的需求,优先由储热系统来满足,短缺热能份额由小汽机乏汽和部分抽汽提供,小汽机功率由热负荷与储热系统的供需差额状态决定;同时,蓄电池放电和小汽机发电功率(以热定电)来补充电力短缺,根据最大供电功率切出可选负载,保持重要负载的不间断供电;若储能系统能量释放殆尽,则小汽机则满负荷运行,优先满足重要热负荷和重要电负荷,评估日常热、电负载重要程度,调整抽汽份额以平衡热、电需求。

　　(4)遇突发情况,系统发电、集热设备无法正常工作(如有自然灾害发生等),此时,小型汽轮发电机满负荷运行,评估紧急场景中各热、电负载重要程度,优先满足应急负载,调节抽汽平衡电、热负荷需求量。

　　不论系统处于何种运行工况,都要保障重要负载的用电,即重要设施始终处于运行状态,现假定太阳能和风能的发电功率,即系统输出功率为 P_{out},负载功率分为重要负载功率 $P_{重要}$,日常负载功率 $P_{日常}$ 和可选负载功率 $P_{可选}$;但是在保证重要负载供电的同时,也要保证重要热负荷的需求,表 7-3 是可能出现的满足重要电负荷和重要热负荷需求运行方式的总结,其中夏季热负荷主要为冷需求,热能通过吸收式热泵转化为冷能供给，若冷能富余则开启光伏冷却器旁路，多余冷能用于高温天气为光伏组件降温，以减小光伏板温度系数造成的发电效率下降。

表 7-3　系统运行方式

工作条件	时间	系统功率平衡状况	热平衡	蓄电池储能系统	小型汽轮机组	重要负载（医院、通讯等）	日常负载（空调、冰箱等）	可选负载（充电桩、制沼气等）	储热系统	重要热负荷	一般热负荷
太阳能、风能充足	白天	$P_{out}>P_{重要}+P_{日常}+P_{可选}$	$P_{out}>P_{重要}+P_{日常}$	充电	低负荷	运行	运行	运行	储热	运行	运行
	夜晚	$P_{out}\ll P_{重要}+P_{日常}+P_{可选}$	$P_{out}\ll P_{重要}+P_{日常}$	放电	运行	运行	运行	部分停运	放热	运行	运行
		$P_{out}<P_{重要}+P_{日常}+P_{可选}$ 且 $P_{out}>P_{重要}+P_{日常}$	$P_{out}<P_{重要}+P_{日常}$ 且 $P_{out}>P_{重要}$	放电	运行	运行	运行	部分停运	放热	运行	运行
太阳能、风力资源较弱	白天	$P_{out}<P_{重要}+P_{日常}$ 且 $P_{out}>P_{重要}$	—	放电	高负荷运行	运行	部分运行	停	放热	运行	运行
		$P_{out}<P_{重要}$	$P_{out}<P_{重要}$	放电	满负荷运行	运行	部分运行	停	放热	运行	部分运行
	夜晚	$P_{out}\ll P_{重要}+P_{日常}$	$P_{out}\ll P_{重要}+P_{日常}$	放电	满负荷运行	运行	部分运行	停	放热	运行	停
极端工况	—	$P_{out}\approx0$	$P_{out}\approx0$	停	满负荷运行	运行	停	停	停	运行	停

　　上述方案只是针对一般性应用场景，对中低温太阳能利用形式进行规划。不同地区，用户周围的可再生能源资源条件差别会很大，在建立分布式综合能源系统时，应根据当地资源禀赋，选择合适的可再生能源及其利用形式。按能量品位高低进行分级利用，以提高系统效率。此外，应该结合当地用能需求，进行不同能种供应，如利用太阳能进行海水淡化和供热、太阳能及风能与海水制氢和制造氨气相结合、地热能冷热电氢多联产等，形成风能、太阳能、地热能、海洋能等多种可再生资源灵活配置，热、电、冷、氢、水等多种能源联合供应的综合能源系统结构。

　　基于中低温太阳能热利用的综合能源系统的各种应用场景符合"品位对口、梯级利用"的原理，可以因地制宜地利用各种能源类型，满足不同负荷，也可以充分利用好热源和冷源、将不同性能的设备、不同品位和种类的能源利用、协调好，真正实现实现综合能源的多联供。这样的综合能源系统在我国能源发展战略中具有重要的地位，也具有极佳的发展前景。

主要参考文献

[1] 吴仲华. 能的梯级利用与燃气轮机总能系统[M]. 北京: 机械工业出版社, 1998.

[2] Bob Dudley. BP statistical review of world energy 2018[R]. London: British Institute of Energy Economics, 2018.

[3] CSP PLAZA. 十三五能源战略规划关键点[R/OL]. http://www.cspplaza.com/article-5900-1. html, 2015-10-14.

[4] 国家能源局. 国家能源局关于组织太阳能热发电示范项目建设的通知[EB/OL]. http://zfxxgk. nea.gov.cn/auto87/ 201509/t20150930_1968.htm, 2015-09-23.

[5] CSP PLAZA. 中国首批 20 个光热发电示范项目当前简况[R/OL]. http://www.cspplaza.com/ article-8085-1.html, 2016-09-24.

[6] SolarGis. Solar resource maps of World [DB/OL]. https://solargis.com/maps-and-gis-data/ download/world, 2019-10-11.

[7] 朱勇. 塔式太阳能与燃煤互补发电系统耦合机理及热力特性研究[D]. 北京: 华北电力大学, 2017.

[8] Desideri U, Bidini G. Study of possible optimisation criteria for geothermal power plants[J]. Energy Conversion and Management, 1997, 38(15-17): 1681-1691.

[9] 王志峰. 光热电站设计[M]. 北京: 化学工业出版社, 2014.

[10] NREL. Concentrating Solar Power Projects[DB/OL]. http://solarpaces.nrel.gov, 2019-10-15.

[11] 宋继峰, 丁树娟. 太阳能热发电站[M]. 北京: 机械工业出版社, 2013.

[12] 张耀明, 邹宁宇. 太阳能热发电技术[M]. 北京: 化学工业出版社, 2015.

[13] 代彦军, 冯永新. 太阳能聚光集热及其应用技术[M]. 北京: 中国电力出版社, 2017.

[14] 李明, 季旭. 槽式聚光太阳能系统的热电能量转换与利用[M]. 北京: 科学出版社, 2011.

[15] 黄湘, 王志峰. 太阳能热发电技术[M]. 北京: 中国电力出版社, 2012.

[16] 黄树红, 张艳平. 清洁与可再生能源研究太阳能热利用[M]. 北京: 中国水利水电出版社, 2015.

[17] Ahmed N, Elfeky K E, Lu L, et al. Thermal and economic evaluation of thermocline combined sensible-latent heat thermal energy storage system for medium temperature applications[J]. Energy Conversion and Management, 2019(189): 14-23.

[18] Diao Y H, Liang L, Zhao Y H, et al. Numerical investigation of the thermal performance enhancement of latent heat thermal energy storage using longitudinal rectangular fins and flat micro-heat pipe arrays[J]. Applied Energy, 2019(233-234): 894-905.

[19] Zhang X D, Lv J, Mohammed Mujitaba Dawuda, et al. Innovative passive heat-storage walls improve thermal performance and energy efficiency in Chinese solar greenhouses for non-arable lands[J]. Solar Energy, 2019(190): 561-575.

[20] Liu Y, Duan J G, He X F, et al. Experimental investigation on the heat transfer enhancement in a novel latent heat thermal storage equipment[J]. Applied Thermal Engineering, 2018(142): 361-370.

[21] Xie M, Huang J C, Ling Z Y, et al. Improving the heat storage/release rate and photo-thermal conversion performance of an organic PCM/expanded graphite composite block[J]. Solar Energy Materials and Solar Cells, 2019(201): 110181.

[22] 张晨. 中低温槽式太阳能热发电储热系统关键技术研究[D]. 北京: 华北电力大学(北京), 2018.

[23] 王华, 王辉涛. 低温余热发电有机朗肯循环技术[M]. 北京: 科学出版社, 2010.

[24] 汤学忠. 热能转换与利用[M]. 第 2 版. 北京: 冶金工业出版社, 2002.

[25] 顾伟. 低品位热能有机物朗肯动力循环机理研究和实验验证[D]. 上海: 上海交通大学, 2009.

[26] 储静娴. 低温地热发电 ORC 工质与系统经济性优化研究[D]. 上海: 上海交通大学, 2009.

[27] 顾伟, 翁一武, 王艳杰. 低温热能有机物发电系统热力分析[J]. 太阳能学报, 2008, 29(5): 608-612.

[28] Buteher C J, Reddy B V. Second law analysis of a waste heat recovery based Power generation system[J]. International Journal of Heat and Mass Transfer, 2007, 50: 2355-2363.

[29] 何川, 郭立君. 泵与风机[M]. 第 4 版. 北京: 中国电力出版社, 2008.

[30] 王志奇, 夏小霞, 周乃君. 低温余热有机朗肯循环发电系统热经济性分析[J]. 工业加热, 2013, 03: 33-36.

[31] Jiang L, Zhu Y D. Jin V, et al. Comprehensive Evaluation Method of ORC System Performance Based on the Multi-objective Optimization [J]. Advanced Materials Research, 2014, 997: 721-727.

[32] Guo T, Wang H X, Zhang S J. Fluids and parameters optimization for a novel cogeneration system driven by low-temperature geothermal sources [J]. Energy, 2011, 36(5): 2639-2649.

[33] Papadopoulos A I, Stijepovic M, Linke P. On the systematic design and selection of optimal working fluids for organic Rankine cycles [J]. Applied Thermal Engineering, 2010, 30: 760-769.

[34] Jan Szargut, Ireneusz Szczygiel. Utilization of the cryogenic exergy of liquid natural gas(LNG) for the production of electricity[J]. Energy, 2009, 34(7): 827-837.

[35] 贺红明. 利用 LNG 物理㶲的朗肯循环研究[D]. 上海: 上海交通大学, 2007.

[36] 丁国良, 张春路, 赵力. 制冷空调新工质热物理性质的计算方式与实用图表[M]. 上海: 上海交通大学出版社, 2003.

[37] 叶林顺, 汤心虎, 金腊华. 冰箱 CFCs 及其替代物的温室效应和能耗温室效应比较[J]. 制冷, 2002, 21(2): 39-40.

[38] Steven K Fischer. Total equivalent warming impact: a measure of the global warming impact of CFC alterative in refrigerating equipment[J]. Rev Int Froid, 1993, 116(6): 423-428.

[39] Tillner-Roth R, Baehr H D. An international standard formulation of the thermodynamic properties of 1, 1, 1,2-tetrafluoroethane(HFC-134a) covering temperatures from 170K to 455K at pressure up to 70MPa[J]. Jphys Chem Ref Data, 1994(23): 657-729.

[40] Outcalt S L, McLinden M O. An modified benedict-webb-robin equation of state for the thermodynamic properties of R152a(1, 1-difluoroethane)[J].J Phys Chem Ref Data, 1996, (25): 1263-1272.

[41] Defibaugh D R, Moldover M R. Compressed and saturated liquid densities for 18 halogenated organic compounds[J]. J Chem Eng Data, 1997, 42(1): 160-168.

[42] Younglove B A, Ely J F. Thermophysical properties of fluids. Methane, ethane, propane, isobutane and normal butane[J]. Phys Chem Ref Data, 1987(16): 577-798.

[43] Yukishig M, Haruki S, Koichi W. Liquid density and vapor pressure of 1-chioro-1, I-difluoroethane(HCFC142b)[J]. Chem Eng Data, 1991(36): 148-150.

[44] Tomohiro Sotani, Hironobu Kubota. Vapor pressures and PVT properties of 1, 1, 3, 5-pentafluoropropane HFC-245fa[J]. Fluid Phase Equilibria, 1999, 161(2): 325-335.

[45] Laesecke A, Defibaugh D R. Viscosity of 1, 1, 1, 3, 3, 5-hexafluoropropane at saturated-liquid conditions from 262K to 353K[J]. J Chem Eng Data, 1996, 41(1): 59-61.

[46] Barley M H, Morrison J D. Vapor-liquid equilibrium data for some binaries mixtures of new refrigerants[J]. Fluid Phase Equilibrium, 1997, 140(1-2): 185-206.

[47] MIKA M A. Correlation of liquid densities of some halogenated organic compounds[J]. Fluid Phase Equilibria, 1997, 141(1-2): 1-14.

[48] 丁国良. 德国制冷装置 CFCs 替代方案与 TEWI[J]. 制冷学报, 1997, (4): 57-60.

[49] 苏长苏, 谭连城, 刘桂玉. 高等工程热力学[M]. 北京: 高等教育出版社, 1987.

[50] Outcalt S L, McLinden M O. Equations of state for the thermodynamic properties of R32(difluoromethane) and R125(pentafluoroethane)[J]. Int J T hermophysics, 1995, 16: 79-89.

[51] Scalabrin G Marchi, Benedetto P, et al. Determination of a vapour phase Helmholtz equation for 1, 1, 1-trifluoroethane (HFC-143a) from speed of sound measurements [J]. Journal of Chemical Thermodynamics, 2002, 34(10): 1601-1619.

[52] Defivaugh D R, Moldover M R. Compressed and saturated liquid densities for 18 halofenated organic compounds[J]. J Chem Eng Data, 1997, 42(1): 160-168.

[53] 童景山. 流体热物性学-基本理论与计算[M]. 北京: 中国石化出版社, 2008.

[54] Reid R C, Prausinitz J M, Doescher R N, et al. The Properties of Gases and Liquids[M]. New York:McGraw-Hill Book Company, 1987.

[55] 梁法春, 王栋, 林宗虎. 超临界区水的拟临界温度的确定[J]. 动力工程, 2004, 24(6): 869-892.

[56] 唐焕文. 实用数学规划导论[M]. 大连: 大连工学院出版社, 1986.

[57] 邢子文. 螺杆压缩机理论、设计及应用[M]. 北京: 机械工业出版社, 2003.

[58] 吴华根, 罗江锋, 关丽莹, 等. 螺杆空压机转子受力有限元计算研究[J]. 流体机械, 2014, 42(2): 51-54.

[59] 杨兴华, 潘家祯, 王吉岱, 等. 涡旋式膨胀机内部流场的数值模拟研究[J]. 流体机械, 2013, 41(2): 22-25.

[60] Wang M, Zhao Y Y, Can F, et al. Simulation study on a novel vane-type expander with internal two-stage expansion process for R-410A refrigeration system[J]. International Journal of Refrigeration, 2012,35(4): 757-771.

[61] 郑娱泉. 螺杆膨胀机的研究[J]. 四川工业学院学报, 1991, (Z1): 150-164.

[62] 鹏飞. "中国太阳能发展路线图研究" 项目举行中期研讨会[J]. 太阳能, 2013(16): 31-33.

[63] 王宏圣. 基于选择性膜分离的太阳能热化学系统研究[D]. 北京: 中国科学院工程热物理研究所, 2017.

[64] Rai S N, Dutt D K, Tiwari G N. some experimental studies of single basin solar still[J]. Energy Conversion and Management, 1990, 30(2): 149-153.

[65] Badran O, Al-Tahaineh H A. The effect of coupling a flat plate collector on the solar still productivity[J]. Desalination, 2005, 183(2): 137-142.

[66] Kumar Sanjay, Tiwari G N. Performance evaluation of an active solar distillation system[J]. Energy, 1996, 21(9): 805-808.

[67] Kiatsiriroat T, Bhattacharya S C, Wibulswas P. Performance analysis of multiple effect vertical solar still with a flat plate solarcollector[J]. Solar and Wind Technology, 1987, 4(4): 451-457.

[68] Zeinab S, Abdel Rehim, Ashraf Lasheen.Experimental and theoretical study of a solar desalination system located in Cairo, Egypt[J]. Desalination, 2007, 217(2): 52-64.

[69] Prasad Bhagwan, Tiwari G N. Analysis of double effect active solar distillation[J]. Energy Conversin and Management, 1996, 37(11): 1647-1656.

[70] Tiwari G N, Dimri Vimal, Singh Usha, Chel Aravind, Sarkar Bikash. Comparative thermal performance evaluation of an active solar distillation system[J]. International Journal of Energy Research, 2007, 31(3): 1465-1482.

[71] Tanaka Hiroshi, Nakatake Yasuhito, Tanaka Masahito. Indoor experiments of the vertical multiple effect diffusion type solar still coupled with a heat pipe solar collector[J]. Desalination, 2005, 177(2): 291-302.

[72] Ahmed MI, Hrairi M, Ismail AF. On the characteristics of multistage evacuated solar distillation [J]. Renewable Energy, 2009, 34 (2) : 1471-1478.

[73] 国家发展改革委. 可再生能源发展"十三五"规划[R/OL]. [2019-11-10]. http://www. nea.gov.cn/135916140_14821175123931n.pdf, 2016-12-19.

[74] Heating S D. Ranking list of European large scale solar heating plants[DB/OL]. https://www. solar-district-heating.eu/en/plant-database/, 2019-07-10.

[75] Fisch M N, Guigas M, Dalenbäck J O. A review of large-scale solar heating systems in Europe[J]. Solar energy, 1998, 63 (6) : 355-366.